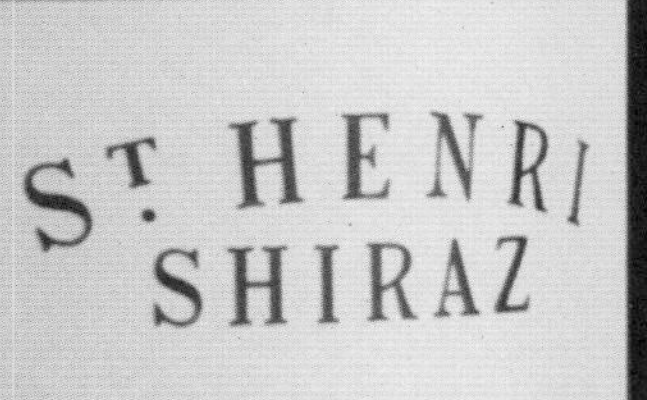
ST. HENRI
SHIRAZ

D1087207

DÉGUSTER

Tout ce que vous devez savoir sur la dégustation des vins

Andrew Jefford

1997
S CAVALEIROS

DÉGUSTER

Tout ce que vous devez savoir sur la dégustation des vins

ANDREW JEFFORD

photographies par
WILLIAM LINGWOOD et ALAN WILLIAMS

L'édition originale de cet ouvrage est parue chez Ryland, Peters & Small sous le titre *Andrew Jefford's Wine Course*

LES PUBLICATIONS MODUS VIVENDI INC.
55, rue Jean-Talon Ouest, 2e étage
Montréal (Québec) H2R 2W8
Canada

www.modusaventure.com

Directeur éditorial : Marc Alain
Conception de la couverture : Catherine Houle
Traduction : Germaine Adolphe
Révision : Andrée Laprise
Relecture : Lisette Légaré

ISBN 978-2-89523-596-5

Dépot légal – Bibliothèque et Archives nationales du Québec, 2009
Dépot légal – Bibliothèque et Archives Canada, 2009

Nous reconnaissons l'aide financière du gouvernement du Canada par l'entremise du Programme d'aide au développement de l'industrie de l'édition (PADIÉ) pour nos activités d'éditions.

Gouvernement du Québec – Programme de crédit d'impôt pour l'édition de livres – Gestion SODEC

Imprimé en Chine

Table des matières

À propos du vin

Notre amour de la vigne découle en partie de notre amour pour la terre elle-même. Notre enchantement devant la beauté des raisins reflète nos sentiments envers notre propre existence sur terre.

La lumière des étoiles transperce l'obscurité. Les vignes attendent. Une chouette surgit d'un chêne, à l'affût du moindre chicotement de souris. Dans le ciel nocturne, la lune flâne au-dessus d'une chaîne de collines lointaine. Enfin, l'aurore rosit l'horizon. Pendant seize heures, le soleil décrit un arc dans la voûte céleste, grossissant puis diminuant peu à peu. La qualité de sa lumière change toutes les quelques minutes; chaque jour, le soleil regarde les vignes d'un angle différent. Tandis que s'éteignent les lueurs flamboyantes de l'astre couchant, la noirceur inonde de nouveau les rangées de vignes. Les étoiles se lèvent. La chouette se réveille.

Cette scène se joue 365 fois successivement, avant que le scénario se répète; et ce scénario peut se reproduire 150 fois avant que la vigne soit arrachée à la vie. Les nuages, le vent, la pluie, le gel et la neige ne ménagent pas la plante, bien qu'aucun ne soit aussi implacable que le soleil blanc d'un été torride. Pas étonnant que la vigne soit noueuse.

Dans le sol, la vigne est aussi haute qu'un arbre. Pendant 150 ans, ses racines puisent l'eau et l'humidité dans la noirceur d'un ciel minéral rempli d'argile humide, de sable sec, de granite fracturé ou de calcaire fissuré. La vigne est la chanson de la terre; ses racines qui envahissent la roche et ses feuilles qui se déploient dans la clarté du jour composent une grande partie de la musique.

Les vignes gagnent leur place sur terre. Le sol où elles grandissent devient tour à tour leur prison et leur terrain de jeu. Toute leur vie, elles se battent pour survivre et donner des fruits. Leur biographie se résume à leurs batailles contre les intempéries. C'est aussi vrai pour le prunier ou, pendant une saison, pour le brin d'orge, la carotte et le haricot. Il y a toutefois une importante différence entre la vigne et le haricot.

Les fruits du haricot goûtent les haricots et ceux de la vigne… les raisins, me direz-vous. Mais transformez ces raisins en vin et la différence se manifestera. Vous pouvez goûter le génotype du cépage (par exemple, celui du cabernet sauvignon ou du chardonnay). Vous pouvez goûter ce qui est arrivé aux raisins et à leur jus durant leur vinification. Vous pouvez goûter le temps qu'il faisait au cours de leur période de croissance. Et plus désarmant encore, vous pouvez goûter l'endroit sur terre où chacune de ces vignes a passé sa vie interminable.

Vin et différence vont de pair. Voilà pourquoi vous trouverez sur le marché une variété plus grande de vins que de fruits, de viandes ou même de fromages.

Parmi tous les aliments et les boissons, le vin est effectivement le produit qui reflète le mieux l'humanité. Il n'existe ni deux êtres ni deux vins parfaitement identiques. Une grande partie du bonheur de vivre vient du plaisir de rencontrer d'autres personnes, de les observer et de les écouter; et celle de boire du vin, de goûter à la multitude de différences entre eux. Pour les vinificateurs aussi, le plaisir de la diversité passe avant tout. Selon le consultant en vins Stéphane Derenoncourt, tenter de

BERINGER
1995

CRAGGY RANGE
SINGLE VINEYARD
Sauvignon

décrire des lieux en sculptant des liquides est un travail fascinant.

Tel un ressort comprimé, la fraîcheur du printemps nord-européen se cache à l'intérieur des bouteilles de riesling de la Moselle; la lumière crue et les grands espaces parsemés de palmiers s'expriment dans l'oloroso cuivré d'Andalousie; l'exubérance de plantes gorgées de sève se déroule à la manière d'une fougère dans les sauvignons blancs de Nouvelle-Zélande; la terre ancienne, brisée et rougie par des millions d'années d'abrasion solaire, se liquéfie dans la syrah noire d'Australie. Notre amour de la vigne découle en partie de notre amour pour la terre elle-même. Notre enchantement devant la beauté des raisins reflète nos sentiments envers notre propre existence sur terre, au moment présent, au milieu des phénomènes qui ne peuvent que nous époustoufler.

Ce petit univers de différences implique que le vin est forcément compliqué. Des douzaines de pays, des dizaines de milliers de producteurs, tous fabriquant un nouveau millésime chaque année: voilà une réalité qui ne peut être simplifiée, comme ne peuvent l'être celle de l'astronomie ou celle de l'histoire. L'univers et l'activité humaine sont naturellement complexes. Les simplifier serait les falsifier.

Bien sûr, il existe des façons de ne pas tenir compte de la complexité des vins. Vous pourriez vous limiter à l'achat de vins de marques et de noms familiers; vous pourriez vous restreindre aux vins d'une certaine région ou d'un certain producteur. Vous n'avez pas à apprécier un vin pour ce qu'il vous apprend sur un endroit de la terre; vous pouvez l'apprécier simplement parce qu'il goûte bon et que son alcool vous fait oublier momentanément vos soucis. Si ce plaisir vous suffit, vous n'avez pas besoin de ce livre.

En revanche, si vous désirez explorer, découvrir et savourer la belle diversité du monde des vins, ce cours de dégustation sera votre point de départ. Les vingt étapes qui suivent ne vous permettront pas de tout savoir sur les vins. L'étude des vins n'a pas de fin. (Je continue d'ailleurs à apprendre.) Néanmoins, cet ouvrage dresse la carte des régions et fournit les bases nécessaires pour explorer le monde du vin avec confiance. Il répondra à certaines des nombreuses questions que chaque amateur de vin se pose tôt ou tard. Il vous donnera peut-être le goût d'acquérir une connaissance des vins pour ajouter à celui de les déguster. J'espère qu'il vous permettra de commencer un long voyage, non seulement dans les plaisirs sensuels du vin, mais aussi dans la finesse géographique et la profondeur culturelle. Homère, le poète narratif grec, buvait du vin à la lueur du feu; son héros Ulysse le faisait aussi, dans son odyssée chargée d'avatars. Quand nous buvons à la lueur du feu (peut-être accablés par nos propres déboires), nous les rejoignons dans une chaîne continue et, ce faisant, nous nous sentons enrichis.

Gardez à l'esprit que ce long voyage n'a pas de destination finale. Aucun état n'est stable et aucun monde n'est statique. Tout dans le vin se modifie chaque année, en raison du rôle des saisons et de l'activité humaine effrénée. À plus long terme, les climats changent; la terre bouge. Nous ne pouvons rien tenir pour acquis. Le vin est un cadeau du présent. Chérissons-le, célébrons-le, comprenons-le, afin de nous rapprocher de notre terre.

Ce long voyage n'a pas de destination finale.

-PORTA DOS CA
(1997) PORT
-CHATEAU LA G
(2005) PESSAC-
-SAINT TROPE
(2006) VIN DE
FR
(1999)

LES OUTILS

Le verbe «adorer» serait sans doute exagéré... mais si vous lisez ces lignes, on peut raisonnablement penser que vous aimez le vin. Passer de ce simple plaisir sensuel à une compréhension du vin est un travail comme un autre; il nécessite des outils. Certains de ces outils ont une forme physique, comme un bon verre. Toutefois, la plupart des outils sont mentaux. Par exemple, vous devez savoir quoi rechercher dans un vin, ou découvrir des façons de mémoriser le caractère des vins que vous avez déjà bus. Il y a aussi des questions pratiques. Les vins, comme les enfants, ont besoin d'être élevés avec soin pour pouvoir développer leur potentiel. Quel est le meilleur moyen de vous occuper de vos bouteilles après leur achat ? Comment partager votre plaisir du vin tout en approfondissant vos nouvelles connaissances ? Les verres peuvent casser, bien sûr, et doivent être remplacés. Le reste de la trousse à outils présentée dans les trois premières étapes devrait cependant durer toute la vie.

1

ÉTAPE 1
COMMENT GOÛTER

Dans cette étape, vous apprendrez d'abord à reconnaître les bons verres à vin. Il sera temps ensuite d'ouvrir des bouteilles et d'étudier leur contenu. Couleur, arôme, saveur et texture sont les éléments qui forment la personnalité d'un vin. Une fois que vous aurez appris à analyser chacun de ces éléments, vous aurez réussi votre premier examen. Vous serez dégustateur de vins.

CI-DESSUS Même les verres tulipes se présentent sous diverses formes. Je verse généralement la quantité montrée dans les deux verres de droite; elle permet de faire tournoyer le vin pour en apprécier les arômes. Si vous trouvez que c'est mesquin, prenez le verre de gauche au contenu très généreux. Plus le verre est rempli, plus les arômes se perdent.

Verres et carafes

Vous pourriez bien sûr boire le vin dans une tasse en céramique. Toutefois, la beauté visuelle du vin est telle que la plupart d'entre nous préfèrent la limpidité du verre. Une fois que vous aurez commencé à goûter, vous découvrirez vite que tous les verres ne s'équivalent pas.

Trapu, haut, gros, mince, transparent, coloré, gravé, antique, moderne: il y a presque autant de verres qu'il y a de buveurs. À table, choisissez celui qui vous plaît. Si un verre antique au pied haut, orné de brun et surmonté d'une petite coupe verte à paroi droite, autour de laquelle sont gravées des sirènes dansant avec des dauphins, accentue votre plaisir de boire, utilisez-le.

En revanche, pour déguster un vin, utilisez un verre différent. Voici son profil idéal :

- Il est fait de verre non taillé, transparent et non décoré.
- Il a une bonne contenance: suffisamment grand pour y verser 100 ml de vin pour goûter, ou 250 ml pour boire, et y faire tournoyer le vin sans danger d'éclabousser la nappe ou vos vêtements.
- Il a une forme de tulipe.

Les ballons sont probablement meilleurs pour les rouges vieux et les rouges bouquetés (comme le bourgogne); les verres tulipes, plus hauts et plus étroits, conviennent mieux aux blancs aromatiques non élevés en fûts de chêne (comme la plupart des sauvignons blancs ou des rieslings). Les mousseux et les champagnes se dégustent préférablement dans des flûtes, dont la base resserrée de la coupe très haute et étroite fait remonter les bulles joliment en spirale. Bon, arrêtons ici avant de rendre compliqué un sujet qui ne devrait pas l'être.

Après les verres, trouvez une carafe. Ne vous inquiétez pas; le choix d'une carafe n'a rien d'obscur ou de compliqué. En plus de leur utilité et de leur facilité d'emploi, les carafes ajoutent au plaisir de boire du vin. Par ailleurs, elles n'ont pas à être chères. Une simple cruche en verre fait une carafe bon marché et adéquate. Une fois encore, le verre transparent est l'idéal; la forme importe peu.

Pourquoi décanter ? Pour trois raisons:

- Enlever les sédiments d'un vin vieux ou d'un porto millésimé.

- Aérer un vin jeune; l'air le rafraîchira et le fera s'épanouir. C'est comme lui ajouter un ou deux ans d'âge.
- Cacher l'identité d'un vin – et demander aux invités de la deviner. La dégustation d'un vin dont on ne connaît pas le nom est une «dégustation à l'aveugle».

Tout vin (même le champagne) peut être décanté; expérimentez et notez les différences. Cependant, ne laissez pas le vin dans une carafe toute une nuit, car il s'éventera plus vite que s'il était dans une bouteille.

Comment décanter une bouteille de vin? Rien de plus simple. Si le vin a un dépôt, gardez idéalement la bouteille debout pendant une semaine ou deux au préalable, pour permettre aux sédiments de se déposer dans le fond. Puis débouchez et versez délicatement, en arrêtant à l'approche du fond de la bouteille. Le vin décanté sera limpide. Videz le reste de la bouteille (y compris les sédiments) dans un verre à part, et vous pourrez boire le vin au-dessus du dépôt quelques heures plus tard. Si le vin n'a pas de sédiments, versez le contenu de la bouteille dans une carafe avec une certaine vigueur.

BOUCHONS ET CAPSULES

Les bouteilles doivent être bouchées. Traditionnellement, on utilise des bouchons de liège découpés dans l'écorce du chêne-liège (Quercus suber) qui sont, par conséquent, renouvelables et biodégradables. Les forêts de chênes-lièges font partie d'un bel et ancien écosystème, surtout dans le sud de la péninsule ibérique. Les plus grands vins créés et bus par les humains au cours de l'histoire ont atteint la perfection grâce au liège, qui permet des échanges infimes d'oxygène entre le vin et l'air au cours du temps. Que le liège ajoute ou non une saveur désirable au vin vieux est une question controversée.

Le bouchon de liège présente cependant un défaut majeur. Entre 2 % et 3 % de tous les bouchons de liège sont contaminés par la trichloroanisole, ou TCA. Cette molécule dégrade le vin, lui transmettant une odeur et un goût de carton moisi, sinon pire. Ce sont cette odeur et cette saveur déplaisantes qui caractérisent un vin «bouchonné». Pour cette raison, les bouchons de liège sont de plus en plus remplacés par des fermetures en verre, en plastique ou à vis. Les partisans des bouchons de verre ou des capsules à vis, en particulier, soutiennent que non seulement ces fermetures évitent la contamination par la TCA, mais elles favorisent aussi une évolution plus propre et plus pure du vin à l'intérieur de la bouteille. Aujourd'hui, certaines capsules à vis imitent la perméabilité à l'air du liège.

Les bouchons de verre et les capsules à vis sont-ils plus efficaces que les bouchons de liège? Pour les vins jeunes à consommer rapidement, oui. Pour les vins de garde, nous ne le savons pas. Pour se prononcer, il faudra attendre de pouvoir comparer un échantillon des plus grands vins rouges âgés de 30 ans, les uns scellés par un bouchon de liège et les autres par une fermeture alternative. Les résultats obtenus en Australie, où des capsules à vis ont été utilisées pour des vins de collection, sont prometteurs.

Robes

Chaque vin raconte son histoire. La mise en scène commence par sa robe.

Voici un jeune riesling de la Sarre (Saar) en Allemagne; sa robe or pâle, rehaussée de reflets verts et argentés, exprime la fraîcheur des étés nord-européens.

Un soleil généreux semble se prélasser dans ce verre de chardonnay doré de Californie.

Avec sa robe aux reflets orangés et brun roux, le superbe tokaji hongrois est un hymne à l'automne.

Le temps et la chaleur confèrent au madère ses teintes de noix et de chêne. Il est le meuble antique du monde du vin.

Dans ce xérès sirupeux, les raisins de cépage pedro ximénez ont été séchés au soleil, d'où la profondeur saturée de sa robe ébène.

Le souffle du vent qui ride les coteaux tinte les rosés de Provence d'un soupçon de saumon argenté.

Le somptueux *rosé* australien, gorgé de chaleur, préfigure une abondance d'arômes et de saveurs.

Le vrai *bourgogne* est issu de baies à peau fine, vendangées au terme d'un été bref et parfois orageux, d'où sa couleur grenade clair.

La teinte cassis et baie de sureau d'un jeune *bordeaux* fin indique un potentiel de garde d'une décennie ou plus.

La chaleur rayonnante de l'été sur le plus vieux continent du monde se reflète dans le violet rouge de ce *shiraz* dense australien.

Comme l'indique son nom, le cépage *tannat* regorge de tanins, d'où la teinte noir tempête, larve de tipule, du madiran, un vin du sud de la France.

Quand les vins rouges vieillissent, comme ce vieux *dão* portugais, leur couleur rouge foncé s'éclaircit en grenat, puis en rouge brique.

Dégustation de vins étape par étape

Du calme. Détendez-vous. Préparez-vous à une rencontre sensuelle avec un nouveau monde.

D'abord, versez le vin dans un verre, doucement et régulièrement, jusqu'à mi-chemin entre le quart et le tiers du verre. Le vin pourra y tournoyer facilement.

Maintenant, observez le vin. En inclinant le verre, vous verrez une palette de couleurs, plus intenses au centre et s'éclaircissant vers les bords.

Faites tournoyer le vin délicatement dans le verre pour libérer ses composants volatiles. Notez sa viscosité et la profondeur de couleur sur la paroi du verre.

Humez lentement. Laissez votre esprit flotter, recueillez les notes, les allusions et les souvenirs des odeurs qui s'élèvent du vin. Prenez-en note avant qu'ils s'estompent.

Le temps est venu de prendre une gorgée. Essayez de diriger le vin dans différentes parties de la langue: le bout, les côtés, le dos. Des différences ?

Faites tournoyer le vin dans votre bouche, en l'aérant si vous le désirez. Notez la saveur et les arômes; sentez la texture et vérifiez-la (voir pages 19 à 21).

Arômes

Lorsque vous achetez du vin, vous dépensez votre argent pour les odeurs et les saveurs. Ne les laissez pas passer inaperçus.

Chaque vin existe aussi bien en tant qu'arôme qu'en tant que saveur. Cet arôme change avec le temps. Parfois, il est discret; d'autres fois, il est puissant. Ce qui distingue les bons vins des vins ordinaires, et les grands vins des bons vins, est souvent autant l'arôme que la saveur. Certains vins sentent merveilleusement bon, comme les fleurs, les bois ou la terre remuée. (Pas comme un parfum, cependant; les arômes sont rarement aussi élaborés ou envahissants.)

Les arômes des grands vins sont aussi étonnamment complexes et allusifs. J'entends par là qu'ils peuvent suggérer d'autres senteurs familières. Hormis l'odeur des fûts de chêne, qui en est un exemple flagrant et pour une raison évidente, les vins peuvent rappeler une grande variété de fruits, de feuilles, d'épices et même de viandes et de pierres. Dans la nature, presque tout ce qui possède une odeur peut être évoqué dans le vin.

Comment évaluer la senteur d'un vin ? Humez-le initialement sans agiter le verre; ensuite, faites-le tournoyer doucement. Laissez votre esprit et votre mémoire flotter, sans les diriger. Fiez-vous à votre première impression. Faites une pause; continuez plus tard. Notez ce que le vin vous rappelle. N'ayez pas peur.

Ne vous démoralisez pas non plus si vous ne trouvez pas instantanément la longue liste d'allusions perçues par les critiques de vins et les sommeliers. Elles ne comptent pas. Ce qui importe, c'est que vous laissiez les arômes du vin vous parler et que cette interaction vous procure du plaisir et reste en vous (comme un souvenir, une note, une expérience, une émotion) pour vous servir plus tard. Votre éducation est en cours.

CI-CONTRE Qu'ai-je écrit à propos de celui-ci ? Ah oui – une légère note de cardamome cachée parmi les pommes vertes... mais puis-je encore la trouver ? Aucune importance; la senteur est plus que jamais alléchante.

Saveurs

Le goût du vin est comme le son de la musique : varié à l'infini. Apprendre à analyser ces goûts vous aidera à éviter la confusion.

Une grande partie de la saveur est en fait un arôme. Nos papilles gustatives détectent les composantes fondamentales de la saveur. Toutefois, ce sont les composantes aromatiques de ce que nous goûtons, rendues volatiles par la salive et la chaleur de la bouche, qui dépeignent l'image de sa glorieuse subtilité. Ces arômes sont dirigés vers le passage rétronasal, entre la gorge et le nez, puis détectés par le bulbe olfactif à l'arrière du nez. C'est l'une des raisons pour lesquelles il vaut la peine de garder le vin dans la bouche quelque temps et de le déplacer sur la langue et les gencives; vous donnez ainsi la chance à ces arômes de s'élever, telles des plumes soulevées par le vent.

Le plaisir commence alors – mais n'oubliez pas d'analyser. Notez si le vin est doux ou sec. Mesurez le rôle de l'acidité dans la création de la structure du vin: parfois récessif (dans les vins doux), parfois dominant (dans les vins durs). Cette acidité est-elle aiguë, verte et maigre, ou éclatante, mûre et pleine ? Le vin a-t-il un caractère vineux ?

Vous en apprendrez davantage sur la texture des vins à la page suivante; elle est un autre élément clé de la saveur. Quelles sont la vivacité et la rondeur des saveurs de fruits ? Le vin a-t-il un aspect laiteux ou crémeux ? Les saveurs évoquent-elles un paysage haut et profond, comme un canyon, ou étendu et large, comme un estuaire ? La saveur est-elle pure et flûtée, ou riche et orchestrale ? Pouvez-vous goûter le chêne ou l'intérieur brûlé des barriques ? Trop ou juste assez ?

Décomposer un vin et examiner ses composantes avec la minutie d'un horloger vous aideront à mieux comprendre le prochain vin que vous dégusterez.

Que peut être ce vin ? Ces copeaux de crayon et ce cèdre me disent qu'il y a du chêne français là-dessous, profitant probablement à quelque cabernet sauvignon, alors que le tabac suggère un merlot tandis qu'il prend de l'âge. Les piles de réglisse indiquent sans doute un bordeaux.

Oui, je sais que ces épices foncées font penser à un vin rouge, mais humez de nouveau: les noisettes et les amandes sont typiques des blancs plus pleins des climats plus chauds, et le café, les clous de girofle et la cannelle pourraient provenir d'une utilisation trop ambitieuse de barriques de bois neuf. Serait-ce un chardonnay sicilien ?

Voici maintenant un casse-tête: les fruits rouges suggèrent un vin rouge vif, et l'abricot et le fenouil font allusion à des origines méditerranéennes. Cependant, la pomme acide et les pointes d'asperges semblent indiquer que les raisins n'ont pas atteint leur pleine maturité. Des signes non flatteurs. Un vin du Languedoc ou du Chili à prix réduit peut-être ?

Le pain grillé et la crème me font penser aux vins riches californiens élevés sur lies... toutefois, la viande tendre derrière la crème me fait douter. Serait-ce plutôt un bordeaux blanc plus vieux ? Un vin du Rhône ? Pourquoi pas un de ces nouveaux pinots gris néo-zélandais ?

Textures

Ne vous contentez pas de humer et de goûter le vin. Sentez aussi sa texture. Comme vous et moi, le vin a un corps et une présence.

Même si vous passez cinq minutes à décrire les arômes d'un grand vin et un autre cinq minutes à disséquer ses saveurs, il restera toujours des choses à dire.

Quelle impression le vin dégage-t-il dans votre bouche ? Est-il léger ou lourd ? Est-il rugueux comme du granite ou lisse comme du marbre ? Son attaque est-elle vive et électrisante, ou agréablement apaisante ?

Décrire les arômes et les saveurs d'un vin en termes analogiques est curieusement insatisfaisant. Les vins sont plus qu'un amalgame d'allusions. Ils sont solides et unitaires, comme des édifices. Ils ont une architecture interne et de la matière.

Évidemment, les sensations qu'un vin laisse en bouche s'expliquent. Une grande partie de la texture est attribuable au tanin. Il s'agit d'une famille de composés présents naturellement dans l'écorce des arbres, les feuilles et les baies, et qui agissent notamment comme protection contre le feu, les attaques d'insectes et les bactéries. Lorsqu'ils sont dans notre bouche, les tanins donnent une impression d'adhérence. Boire du thé et du vin sont les deux occasions les plus communes de sentir la présence des tanins, même si la peau de tous les fruits en contient aussi.

Les tanins interagissent avec les protéines; c'est ce qui arrive lorsque vous tannez du cuir ou mettez du lait dans un thé noir fort, ou que vous savourez un vin rouge foncé avec du rosbif. En buvant, vous sentez ces tanins s'assouplir et se détendre.

Tous les vins, même les blancs, contiennent une certaine masse tannique – les rouges en contiennent environ six fois plus que les blancs (voir en page 73). L'onctuosité du glycérol, la vivacité de l'acidité, la densité de l'extrait sec (le résidu d'un vin une fois toute son eau enlevée), la suspension laiteuse et crémeuse des lies du vin en cours de vieillissement, ainsi que la chaleur et la rondeur de l'alcool, font partie des autres composés ayant une incidence sur la texture.

L'interaction de tous ces éléments crée l'architecture d'un vin – et l'un des rôles du vinificateur est de veiller à ce que cette architecture soit satisfaisante et harmonieuse. Le vôtre consiste à juger les résultats de son travail.

CI-DESSUS, GAUCHE Inclinez le verre en avant pour évaluer la viscosité (ou les «larmes») et pour vérifier la palette complète de couleurs.

CI-DESSUS, DROITE N'ignorez pas l'arrière-goût: il devrait être également agréable; et plus il persiste, mieux c'est.

CI-CONTRE Parler de vos impressions est utile; chaque personne perçoit quelque chose de différent à propos d'un vin.

DOSSIER D'INFORMATION : Comment goûter

Verres Optez pour un verre incolore, doté d'une coupe en forme de tulipe suffisamment grande pour y faire tournoyer le vin sans danger.

Robes Chaque robe (couleur) de vin raconte une histoire sur le cépage, le lieu d'origine et la méthode de vinification.

Arômes Prenez votre temps; ouvrez complètement la porte de votre esprit.

Saveurs Laissez le temps aux saveurs de s'évaporer dans votre bouche; puis analysez-les pour constater leur harmonie.

Textures N'oubliez pas d'évaluer la texture du vin; comme vous, il a un corps.

2

ÉTAPE 2
COMMENT BOIRE

Personne ne voudrait goûter un vin sans le boire. En effet, ce n'est qu'en buvant un vin, généralement en mangeant, que vous pouvez vraiment l'évaluer. Si le vin a une raison d'être, c'est bien de contrer les effets indésirables de la nourriture et d'aider à la digestion; il contribue ainsi à la santé et au bonheur de l'être humain. Pourtant, le vin est à la fois une nourriture et une drogue. La saine consommation du vin exige de la discipline et du respect.

Le vin est à la fois une nourriture et une drogue. La saine consommation du vin exige de la discipline et du respect.

Modération

Apprendre à déguster un vin signifie apprendre à l'aimer pour autre chose que ses effets; c'est la base de la consommation responsable.

Presque tous les médecins s'accordent à dire que l'alcool peut être bénéfique, pourvu qu'il soit consommé avec modération. Le meilleur de tous, semble-t-il, est le vin rouge riche en tanins, bu lentement et accompagné de nourriture.

Qu'entend-on par modération ? Les humains diffèrent tous en formes et en tailles. La modération pour un monteur d'échafaudage n'est pas la même que pour une ballerine. Apprenez à écouter votre corps, surtout après avoir bu du vin. Si vous digérez bien, dormez profondément et vous réveillez sans trace de mal de tête, votre consommation n'a probablement pas été excessive. Si votre bien-être est compromis de quelque façon après avoir bu du vin, prenez-en moins la prochaine fois.

Soyez plus dur(e) qu'indulgent(e) envers vous-même. Passez-vous d'alcool de temps en temps et comparez ce que vous ressentez les jours avec et les jours sans boissons alcoolisées. Ne buvez pas à grands traits; apprenez plutôt à humer et à siroter. Prenez des notes de dégustation pour ralentir votre façon de boire; achetez des vins plus chers et moins souvent que d'habitude pour étendre vos horizons et réduire votre consommation. Il n'y a rien de mal à laisser une bouteille entamée jusqu'au lendemain; en fait, une nuit d'aération pourrait même l'améliorer. Ces vins rouges corsés, chargés de tanins, que les chercheurs cardiovasculaires approuvent (comme les madirans français, les barolos italiens ou beaucoup de malbecs argentins), sont particulièrement bons le lendemain de leur ouverture et parfois même le surlendemain.

Ayez toujours un verre d'eau à portée de main pendant que vous goûtez et buvez; ne vous sentez jamais obligé(e) de finir un verre de vin si vous n'en voulez plus. Mieux vaut jeter le vin que de trop boire. Bien recevoir ses amis implique parfois de servir des vins en abondance, mais toujours dans le respect de leur santé. Ne poussez jamais une personne à boire plus qu'elle ne le désire.

Méditation

Le vin est plus qu'une boisson alcoolisée. Goûter le vin pleinement signifie goûter son histoire, son pouvoir symbolique et sa force de conciliation.

La vigne au-dessous du sol est une naine, mais ses racines profondes dans la roche en font une géante. Il en est ainsi de la culture humaine. Nos vies actuelles ne sont qu'un souffle par rapport à la chorale fantastique de l'histoire. Il va sans dire que le passé est terminé et disparu; pourtant, sans lui, notre existence n'aurait aucun sens.

Le vin a joué un rôle prépondérant au cours d'une grande partie de cette histoire. Il n'y a pas de livres aussi importants pour la culture occidentale que l'*Odyssée* de Homère et la Bible; le vin suinte à travers les pages de chacun d'eux, nutritif lorsque bu avec modération et destructif lorsque consommé à l'excès. Dans les Bacchantes du poète tragique grec Euripide, Dionysos se décrit comme «le dieu le plus terrible et le plus bienfaisant pour les hommes». Dans l'eucharistie chrétienne, le rôle du vin symbolisant le sang du Christ ne peut être plus central; dans la tradition juive, le vin est vu comme une bénédiction et un symbole du bonheur.

Dans l'Égypte antique, le vin était la boisson de l'élite et de l'aristocratie; et la bière, celle des ouvriers des pyramides. La poésie bachique, mémorablement exprimée dans les fins quatrains du mathématicien et astronome Omar Khayyám, se distingue dans la tradition perse. En tant que métaphores, le vin et l'intoxication sont la pierre angulaire de l'extase soufie. Pour le poète chinois Li Bai (ou Li Bo ou Li Taibo), l'un des «huit immortels dans le vin», boire du vin est en soi une forme de poésie, effaçant l'ego et clarifiant la perception, et soulignant la beauté du monde tout en facilitant la libération des attaches.

Ceux qui plantent des vignobles rappellent Noé; ceux qui apprécient une soirée à la lueur du feu, le vin et les contes partagent ce qui, pour Homère, représentait le meilleur de la vie. L'histoire se lit dans chaque verre; ce sont les racines culturelles du vin qui imposent le profond respect que d'autres boissons obtiennent rarement.

Le vin suinte à travers les pages de *l'Odyssée* et de la Bible, nutritif lorsque bu avec modération et destructif lorsque consommé à l'excès.

CI-DESSUS, GAUCHE La vigne est un sujet familier et rassurant, très prisé dans l'art ancien.

CI-DESSUS, DROITE Le travail de la vigne est dur mais gratifiant. Au mieux, il est plus proche du jardinage que de l'agriculture.

CI-CONTRE Le vin peut être une horloge indiquant le passage des années.

2001
2326
VINTAGE 1992
Nº
M.CHAPOUTIER
"LES GRANITS"
SAINT-JOSEPH
FAC ET SPERA

Dépense

Le vin coûte de l'argent. Les livres, les tableaux et la musique, qui ne sont pas gratuits non plus, peuvent être appréciés et savourés à répétition; en revanche, pour jouir du vin, il faut le détruire. Achetez avec précaution.

Le prix du vin est un paradoxe. Les vins chers ne sont pas toujours meilleurs que les vins moins coûteux. Lorsque les vins chers sont meilleurs, ils ne le sont souvent que par une mince marge, par rapport à ce que leur prix semble indiquer. L'achat des vins les plus exceptionnels représente un investissement financier. En effet, la demande excédant l'offre, leur prix ont grimpé à un niveau que beaucoup de buveurs de vin expérimentés considèrent excessif.

Par conséquent, que pouvons-nous avancer avec certitude sur le prix des vins? Trois choses:

- Un vin peu coûteux peut être un bon vin. Si un bon vin vous suffit, vous n'aurez jamais besoin d'acheter une bouteille chère.
- Un grand vin, par contre, n'est jamais bon marché. Si vous désirez déguster de grands vins, vous devez explorer les bouteilles chères. L'entreprise est hasardeuse, car les vins chers sont discutables. Les meilleurs ouvriront vos horizons gustatifs, tandis que les pires vous décevront.
- Un bon rapport qualité-prix peut généralement se trouver parmi les vins à prix modéré.

Comme le coût importe pour la plupart d'entre nous, regardons plus en détail cette troisième catégorie. Dans une bouteille de vin bon marché vendue, par exemple, au Royaume-Uni, le vin lui-même représente environ 10 % du prix de vente. Le reste englobe le profit du détaillant, les taxes et les frais de conditionnement et de transport. Comme certains de ces coûts sont fixes, en achetant une bouteille de vin à prix modéré, vous payez comparativement plus pour le vin et moins pour les frais accessoires.

Les petits producteurs de vin ne peuvent jamais concurrencer les plus gros au niveau des prix. Toutefois, ce sont les petits producteurs qui fabriquent les vins de la plus haute qualité. C'est dans la gamme des vins à prix modérés que s'exerce une vive concurrence entre petits producteurs.

Ceux qui se forgent une réputation, en offrant des vins de grande qualité, mériteront éventuellement la reconnaissance du marché. Le couronnement de leurs efforts se traduira par une hausse notable du prix de vente de leurs produits. Mais en attendant, ces vins de qualité seront vendus à des prix ne reflétant pas leur valeur. En somme, certains des vins à prix modéré d'aujourd'hui pourraient devenir des vins chers de demain.

La rareté seule établit le prix de la plupart des vins chers; la rareté n'a ni odeur ni saveur. Les vins à prix modérés ne sont pas rares, du moins pas encore; ce que vous payez, ce sont l'odeur et la saveur seules.

Vous ne devriez jamais, bien sûr, acheter un vin cher si vous n'en avez pas les moyens. Vous ne devriez pas non plus vous priver d'un vin cher si votre budget le permet. Les vins bon marché enferment souvent leurs producteurs dans un piège de pauvreté; le fait que vous achetiez de meilleurs vins les incite à progresser et à enrichir la culture du vin plus globalement. En termes purement sensuels, le buveur en retire généralement une satisfaction plus profonde.

Les vins bon marché enferment souvent leurs producteurs dans un piège de pauvreté; le fait que vous achetiez de meilleurs vins les incite à progresser et à enrichir la culture du vin plus globalement.

CI-CONTRE Les bouteilles empilées sont des vins fins conservés dans la cave du producteur, allongés dans la fraîcheur de l'obscurité, parfois pendant des décennies. Les millésimes sont capitaux; seuls les vins des grandes années se gardent, et les vins exceptionnels sont quelquefois enveloppés dans du papier de soie, tels des foulards en cachemire. Si vous voyez une boîte en bois plutôt qu'en carton, attendez-vous à un prix en conséquence.

DOSSIER D'INFORMATION : Comment boire

Modération Buvez moins, mais buvez mieux. Accompagnez les verres de vin de verres d'eau; sirotez; laissez-en un peu pour demain.

Méditation Gardez à l'esprit que le vin n'est pas une simple boisson alcoolisée; il nous lie aux poètes, aux conteurs et aux grands maîtres spirituels.

Dépense Achetez votre vin selon vos moyens, sans oublier que le meilleur rapport qualité-prix se situe vers le milieu de la fourchette de prix.

3

ÉTAPE 3
COMMENT APPRENDRE

À quoi bon prendre un cours si ce n'est pour apprendre. Si vous aviez une mémoire parfaite et des ressources financières illimitées, une vie passée à boire serait alors une éducation aussi valable qu'une autre. La plupart de nous, hélas, n'ont ni l'un ni l'autre. Cette étape vous aidera à tirer le meilleur profit de ce que vous avez.

Prendre des notes sur les vins que vous goûtez en vaut la peine. Bien ordonnées, les notes forment un registre de vos boissons; plus important encore, elles structureront votre apprentissage.

Souvenirs et notes

Une bouteille de vin est un événement. Lorsqu'elle est finie, il n'en reste rien, sinon le souvenir de ses arômes et saveurs. Le souvenir, consigné sur papier, peut être partagé. Les notes subsistent.

Quand nous dégustons un vin, nous le laissons pénétrer en nous en un acte des plus intimes. Pendant un moment, nous sommes habités par le vin, son corps distinctif, sa présence sensorielle. Cette interaction peut créer des souvenirs étonnamment saisissants. Beaucoup d'amateurs de vin peuvent se rappeler des bouteilles qu'ils ont bues trente ou quarante ans auparavant. Goûter et boire ces vins étaient une épiphanie. Comme un grand poème ou un grand morceau de musique, le vin décontenance parfois l'âme au point d'en changer la vision de la vie. À cet instant, le buveur semble s'imbiber de la terre pierreuse, d'un certain paysage, l'espace d'un été, dans un état extatique. De telles expériences marquent souvent le début d'une passion à vie pour le vin.

La consommation de vin ne fait cependant pas toujours cet effet. Si vous goûtez une vingtaine de vins au cours du prochain mois, votre mémoire pourrait ne retenir, six mois plus tard, que le souvenir de trois ou quatre d'entre eux. C'est pourquoi il vaut la peine de prendre des notes sur les vins que vous goûtez. Bien ordonnées, les notes forment un registre de vos boissons; plus important encore, elles structureront votre apprentissage. Le fait de prendre des notes vous aidera souvent à remarquer des aspects d'un vin qui vous auraient autrement échappé.

Les notes sont généralement divisées en trois catégories: l'apparence, l'arôme et la saveur; n'ignorez pas cependant la texture et la structure. Si avez le temps, ajoutez d'autres détails sur le vin, comme des informations sur le vignoble ou le type d'élevage inscrites sur la contre-étiquette de la bouteille. N'imitez pas le langage des critiques si vous n'en avez pas envie; exprimez ce que vous remarquez dans vos propres mots et de la façon la plus colorée possible. La notation est, philosophiquement, difficile à justifier, mais elle traduit votre appréciation personnelle d'un vin. Que vous notiez un vin sur une échelle de 10, 20 ou 100 importe peu. Vous boirez probablement le vin à table après l'avoir goûté à part au préalable. Prenez la peine de consigner les résultats positifs ou négatifs de l'association de ce vin et des plats consommés pour la prochaine fois.

Lecture

Le vin est compliqué. Les livres expliquent la complication. Certains le font agréablement; d'autres ne sont que des guides de référence de base. Il existe aussi une banque de renseignements électronique, vaste et accrue, sur les vins et leur dégustation; utilisez des moteurs de recherche pour accéder aux divers sites Internet.

Lire sur le vin augmente considérablement le plaisir de sa dégustation. L'arôme et la saveur constituent le noyau de l'attrait du vin, mais beaucoup d'entre nous veulent en savoir davantage. Qui sont les femmes et les hommes qui ont fabriqué le vin ? Quelles sont les caractéristiques du vignoble ? Comment était le climat cette année-là ? Si nous aimons un vin particulier, nous voulons en trouver d'autres semblables. Si nous considérons l'achat d'un vin cher, nous voulons nous assurer que le candidat est à la hauteur de notre argent durement gagné. Que nous dégustions un tel vin n'importe quand ou seulement une fois dans notre vie, nous devons le connaître pour l'apprécier pleinement.

Les livres, les magazines et les sites Internet visent à informer, inspirer et divertir. Le vin étant un sujet riche en données, il semble que les sites Internet (qui sont infiniment renouvelables) supplanteront les livres et les magazines en tant qu'outils de référence. La durabilité, la qualité littéraire et le plaisir tactile offerts par les ouvrages imprimés continueront néanmoins à jouer en faveur des livres et des magazines.

Que dire du rôle des critiques ? Que vous les suiviez dans le monde en consultant les livres, les bulletins d'information et les sites Internet, ou dans votre région en lisant les journaux, le conseil est le même. Utilisez leur opinion pour tester vos propres idées, toujours en gardant à l'esprit qu'aucun d'eux n'a «raison»; chaque critique de vins se fie simplement à son propre palais. C'est pourquoi ils ne s'accordent pas toujours. Chaque palais est unique, y compris le vôtre. Ayez confiance en votre jugement ou en celui d'un critique dont les goûts se rapprochent des vôtres. Le meilleur critique du monde, c'est vous-même.

Utilisez l'opinion des critiques de vin pour tester vos propres idées, toujours en gardant à l'esprit qu'aucun d'eux n'a «raison»; chacun se fie simplement à son propre palais.

CI-DESSUS Arômes, saveurs, mots, souvenirs. Parfois, une seule inhalation vous renvoie dans le passé. Le vin peut vous faire voyager dans le temps, en réveillant non seulement le souvenir d'une bouteille, mais aussi de choses oubliées depuis longtemps.

QUELS VINS CONSERVER ?

Beaucoup de vins sont destinés à être bus le plus tôt possible et presque tous les vins peuvent être consommés dès leur achat. Pour quelques vins, il est cependant préférable d'attendre. Après quelques années de garde, ils seront non seulement plus buvables, mais aussi plus beaux et plus expressifs. Autrement dit, vous devez attendre pour en avoir pour votre argent.

Le prix est l'indice le plus simple pour identifier ce type de vin. Toute bouteille coûtant quatre fois plus que le vin le moins cher a un bon potentiel de garde, surtout s'il s'agit d'un vin rouge. (Dans les pays producteurs de vin européens, multipliez le prix du moins cher par huit.) En particulier, il est presque essentiel de laisser vieillir les grands bordeaux rouges et les portos millésimés. Parmi les vins blancs, un grand bourgogne blanc est souvent décevant s'il est bu trop tôt. Un grand riesling et un grand champagne sont superbes qu'ils soient jeunes ou vieux. Pour la plupart des buveurs, les vins blancs élaborés exclusivement à partir de sauvignon blanc ou de viognier sont meilleurs jeunes. Dans le doute, n'attendez pas. Il vaut mieux consommer un vin trop tôt, et apprécier ses qualités présentes, plutôt que trop tard, et boire une beauté fanée ou, pire encore, un corps décharné.

CI-DESSUS Un cellier en colimaçon peut être installé dans une maison (ou dans un garage). Quel vin vous tente ce soir ?

CI-CONTRE Ce barossa rosé aurait pu attendre un an ou deux, mais je ne voulais pas qu'il perde l'éclat de sa jeunesse.

Garde

Une collection de vin est une bibliothèque liquide – une œnothèque ou une enoteca en italien. Quelle taille cette bibliothèque devrait-elle avoir et de quel confort matériel les vins ont-ils besoin ?

Tous les grands amateurs de vin se rendent compte tôt ou tard qu'ils possèdent plus de bouteilles chez eux qu'il n'en faut pour un repas. Dès ce moment, une collection voit le jour.

Quelques années passent. Les mêmes amateurs trouvent maintenant des bouteilles un peu partout dans la maison, sur les marches de l'escalier, dans les placards. C'est alors qu'ils s'aperçoivent que leur collection est une possession volumineuse, lourde et encombrante. Elle ne peut être rangée dans un album, enregistrée sur un disque dur ou disposée adéquatement sur une étagère. En outre, elle n'aime pas les mêmes conditions que les humains; elle veut de la fraîcheur, de l'obscurité et de l'humidité (avec cependant une bonne ventilation), le tout de façon constante et contrôlée. À moins d'avoir ces conditions idéales, autrement dit une cave ou un local conçu spécifiquement à son usage, toute collection de vins respectable devrait bénéficier d'un entreposage professionnel.

La plupart d'entre nous peuvent quand même garder un stock tournant de deux ou trois douzaines de vins, chaque bouteille reposant de deux à neuf mois, sans posséder de cave. Les placards et les pièces peu utilisées sont les meilleurs endroits. Les vins pourront y séjourner dans la noirceur, à l'abri des vibrations des appareils domestiques et à la température la plus fraîche possible. Rangez les bouteilles couchées, idéalement dans un porte-bouteilles. Évitez de conserver le vin dans un endroit chaud ou éclairé, ou si la température y varie de plus d'un degré Celsius par jour; plus l'endroit est près du centre de la maison et éloigné des murs extérieurs, mieux c'est. Le soleil direct altérera le vin rapidement. Ranger du vin dans la cuisine est déconseillé; entreposer du vin dans le grenier aura des conséquences catastrophiques.

Partage

Le meilleur moyen d'apprendre est de partager vos connaissances. Aucun amateur dans votre entourage ? Pas de problème. Comparez vos notes avec d'autres passionnés de vin dans Internet.

Il y a un plaisir certain à boire du vin en solitaire, mais ce plaisir semble décupler lorsque le vin est partagé. La prise de vin et la convivialité sont inséparables. Parler de ce que vous avez appris vous aidera à le fixer dans votre mémoire, alors que le savoir des autres peut étendre le vôtre. Il y a également des avantages pratiques. Une seule bouteille de vin peut donner vingt échantillons de dégustation. Par conséquent, l'achat et la dégustation en commun sont de loin la meilleure façon d'élargir votre expérience de première main et d'essayer des vins qui autrement seraient trop chers pour votre budget.

Les dîners, les clubs de dégustation de vins et les cours en classe sont tous d'excellents moyens d'apprendre sur le vin. Les habitants des régions isolées peuvent comparer leurs notes avec d'autres dans Internet, où le nombre de babillards électroniques, forums et blogues ne cesse de croître. Vous pourriez goûter un vin dans une campagne feutrée de neige en Suède, publier une note à son sujet et, dans les heures qui suivent, recevoir les réactions de buveurs résidant au Texas, à Singapour ou à Melbourne. Jamais le monde du vin n'a été moins xénophobe ou plus international qu'aujourd'hui; jamais les occasions de partager n'ont été aussi nombreuses.

DOSSIER D'INFORMATION : Comment apprendre

Notes Les notes aident la mémoire faillible des humains. Organisez-les bien pour en tirer le meilleur usage.

Lecture Elle est essentielle pour comprendre les dessous des sensations.

Garde Les meilleurs vins ont généralement besoin d'une période de garde, ce qui n'est pas le cas pour la plupart des autres. À moins d'avoir des conditions idéales chez vous, toute collection de vins respectable devrait bénéficier d'un entreposage professionnel.

Partage Il peut rapidement élargir vos connaissances et augmenter vos occasions de goûter un bon vin.

LES ÉLÉMENTS

Les cinq étapes de cette section du livre traitent des éléments fondamentaux communs à tous les vins : les cépages; les pierres, sols et ciels changeants de l'environnement naturel; l'action humaine pour amener les raisins à maturité, et pour les transformer en vin. Ces éléments sont en quelque sorte la connaissance théorique dont tout amateur de vin a besoin. Ensuite, nous serons prêts à entamer la dernière étape de notre cours : le voyage dans la compréhension du vin.

4

ÉTAPE 4
CÉPAGES :
Les membres de la famille

Ce livre traite d'une seule espèce végétale, la vigne, ou *Vitis vinifera*, qui regroupe une myriade de variétés de raisins. Aucun aspect de la connaissance du vin n'est plus utile que la compréhension des personnalités des principaux membres de la famille. Nous les rencontrerons dans quelques pages. Dans cette étape, nous ne découvrirons qu'une petite partie de leurs antécédents.

Vignes : le monde ancien

Les rangées de vignes bien entretenues d'un vignoble contemporain sont une sculpture temporelle, résultant de milliers d'années de bichonnage et de taille d'une plante disciplinée par les hommes.

Bien avant l'invention de la serpette, la vigne poussait librement et rapidement dans les forêts anciennes d'Europe, d'Asie et d'Amérique. Sa stratégie d'évolution était simple et efficace : trouver un arbre sur lequel grimper, atteindre la lumière, produire des fruits. Les oiseaux étaient les premiers vignerons. Ils s'estimaient heureux, tandis que la neige commençait à moucheter le gris du ciel, de pouvoir se nourrir de petites baies aigrelettes. Ils transportaient ainsi les pépins sur leurs ailes, traversant les étendues d'eau et survolant les chaînes montagneuses. Ainsi passèrent des millions d'années de culture naturelle.

Retour en 1003 apr. J.-C. Un explorateur islandais, Leif Ericson, quitta le Groenland cette année-là. Il navigua vers l'ouest – vers l'inconnu – avec un équipage de 35 hommes, à la recherche de la légendaire terre d'abondance. La chance était avec eux. À leur troisième accostage, probablement à l'Anse aux Meadows, dans l'actuelle Terre-Neuve, ils découvrirent une contrée plaisante où passer l'hiver. Les saumons nageaient dans les rivières; un léger voile de gel se levait, dans la quiétude du matin, au-dessus de l'herbe plutôt que de la toundra. L'exploration de la forêt révéla la présence d'une profusion de raisins sauvages; alors ils baptisèrent cet endroit Vinland, la terre de la vigne.

En fait, cette scène a été préfigurée mythiquement des milliers d'années plus tôt en Eurasie. Aussitôt débarqué de son arche, sur le mont Ararat, Noé c*ommença de planter la vigne.* Comment les vignes sauvages, hautes et exubérantes, ont-elles été transformées en vin par Noé (*Et il but du vin et il fut enivré...*) restera une question sans réponse. Sur le site archéologique de Hajji Firuz Tepe, dans les monts du Zagros en Iran, on a trouvé des traces de vin sur la paroi d'une jarre néolithique vieille de 7000 ans. Par conséquent, la viniculture était déjà pratiquée à cette époque. De nos jours encore, les vignes sauvages prolifèrent en Transcaucasie – une région montagneuse au nord du Zagros, entre la mer Caspienne et la mer Noire, dont Ararat est «la pomme d'Adam». La *Vitis vinefera* est vraisemblablement originaire des actuelles Géorgie et Arménie. Nous verrons que plus tard les vignes de Leif Ericson ont sauvé la vie de celles de Noé; presque tous les cépages composant les vins que nous buvons aujourd'hui descendent des deux.

Il est difficile de délimiter les territoires d'une espèce aussi libertine et sujette à la mutation et à l'hybridation que la vigne. Il y a au moins 10 000 variétés de *Vitis vinefera* et *vinifera* est l'une d'environ 700 espèces de vignes de la famille des vitacées. Pour nous, évidemment, *vinifera* est de loin l'espèce de vigne la plus importante, puisqu'elle nous donne des raisins de table et des fruits séchés ainsi que du vin. La variété de raisin la plus cultivée dans le monde n'est pas le chardonnay ou le cabernet sauvignon, mais le sultana.

Et nous les avons presque toutes perdues.

Vignes : le monde moderne

Les viticulteurs contemporains sont-ils allés trop loin dans leur quête de protection des cépages ? Vous, et les buveurs comme vous, déciderez. Et votre décision créera le monde du vin de demain.

Le monde du raisin, tel que nous le connaissons aujourd'hui, a commencé par une catastrophe. Durant les années 1860, les vignes de la vallée du Rhône ont commencé à dépérir et à mourir. Durant vingt ans, la plupart des vignobles européens ont souffert d'une maladie transmise par les insectes, qui avait un nom (*Phylloxera vitifolii*) mais pas de cure reconnue. La production de vins et d'eaux-de-vie s'effondra.

Nous savons maintenant ce qui s'est passé. Au milieu du XIXe siècle, la passion pour l'horticulture culminait; des quantités de plantes exotiques ont traversé les océans, dont des espèces indigènes américaines vers la France. Ces plantes transportaient avec elles un minuscule insecte se nourrissant de racines, le phylloxéra de la vigne, auquel elles étaient depuis longtemps résistantes – ce qui n'était pas le cas des infortunées vignes européennes.

La solution, conçue dès 1869 et appliquée à grande échelle à la fin des années 1880, consistait à greffer du bois de vinefera sur des porte-greffes américains. (La création de vignes hybrides a aussi réglé le problème, mais les vins issus d'hybrides n'avaient pas très bon goût.) Les vignes de Leif Ericson ont donc sauvé celles de Noé de l'extinction. Aujourd'hui, la plupart des vignes sont européennes au-dessus du sol et américaines au-dessous. Seules quelques parties du monde viticole, comme le Chili et certaines régions d'Australie, sont exemptes de phylloxéra. Toutefois, par mesure de précaution, l'usage de plantes greffées y est quand même de plus en plus courant. Il y a quelques sols exceptionnels dans lesquels le phylloxéra ne peut évoluer, comme le sable de Colares au Portugal ou la pierre ponce et la cendre de l'île grecque de Santorini.

Un siècle après le désastre du phylloxéra, une nouvelle révolution était en cours. Dans le passé, les vins se distinguaient entre eux principalement par leur origine; ceux de Bourgogne, de Bordeaux ou du Rhin ont dominé la liste des vins pendant presque tout le XXe siècle. De nos jours, ce sont les cépages qui jouent ce rôle. Nous avons tendance à demander au sommelier un riesling, un cabernet ou un merlot. La distinction par le cépage est principalement attribuable aux pays producteurs de vin de l'hémisphère Sud. Elle a été largement adoptée par les buveurs de vins, car il est plus facile de comprendre les variétés que les origines.

Cela signifie-t-il que déguster un vin deviendra plus monotone que dans le passé ? Le chardonnay et le cabernet deviendront-ils le Coca-Cola et le Pepsi-Cola du monde du vin ? Je ne le pense pas. Voici pourquoi :

- La recherche constante de nouveaux cépages sortant de l'ordinaire. Certains buveurs en sont avides.
- Aucun vin ne goûte exactement comme un autre, même s'il est issu du même cépage. Les techniques de vinification et le lieu dans lequel croît ce cépage modifient le profil du vin. Nous en apprendrons davantage sur ce sujet dans les étapes 7 et 8.
- Les assemblages de différents cépages créent des vins intrigants et complexes. Certaines régions de France ont toujours utilisé cette méthode et de plus en plus de pays non européens en font autant.

Le chardonnay et le cabernet deviendront-ils le Coca-Cola et le Pepsi-Cola du monde du vin ? Je ne le pense pas.

PAGE PRÉCÉDENTE La tige noueuse de la plupart des vignes n'empêche pas la sève de monter chaque printemps.

CI-CONTRE Le puceron phylloxéra vit sur ces collines onduleuses de Sonoma. Les porte-greffes résistent à ses minuscules mâchoires.

DOSSIER D'INFORMATION : Cépages

La famille des vignes
700 espèces et presque tous nos raisins de cuve et de table proviennent d'une seule espèce, la *Vitis vinifera*, qui comprend elle-même 10 000 variétés.

Lieu de naissance
Transcaucasie (Arménie et Géorgie).

Talon d'Achille Vulnérable au phylloxéra; il faut donc la greffer sur un porte-greffe américain.

Vigne la plus cultivée Sultana.

ÉTAPE 5
CÉPAGES : Les sept mercenaires

Nous allons bientôt rencontrer les sept cépages vedettes du monde du vin. Trois sont des blancs et quatre, des rouges. Ils ne sont pas les plus plantés; en raison de la production d'eau-de-vie de vin, d'autres variétés de blancs jouent un rôle important dans les statistiques. Si vous voulez apprendre par cœur les noms et profils de seulement sept cépages, choisissez ces sept mercenaires.

Chardonnay

Omniprésent, fiable et adaptable, aussi irrésistible que le sourire d'un enfant, le chardonnay est pour beaucoup de buveurs de vin synonyme de vin blanc.

Si un cépage connaît du succès dans le monde du vin, c'est bien lui. La plupart des supermarchés offrent un bon choix de chardonnays peu coûteux. Le chardonnay est le pilier des cépages blancs dans les marques de vin internationales. L'élégant chablis, l'un des vins blancs français les plus aimés mondialement, est élaboré à partir du chardonnay. Il est également le cépage incontournable du charnu montrachet. Même les non-buveurs connaissent le chardonnay de nom. En effet, il est parfois utilisé comme prénom féminin, et j'ai même vu des chemises de marque Chardonnay. On peut dire qu'il est un cépage célèbre, fêté par certains, raillé par d'autres, mais reconnu par tous.

Commençons par les faits. L'analyse d'ADN a prouvé, assez curieusement d'ailleurs, que le chardonnay a exactement les mêmes parents que l'aligoté, plus pointu; le gamay, qui compose le beaujolais; et le melon, qui produit le muscadet. Les géniteurs de ces quatre variétés sont le pinot (un cépage caméléon, présentant au moins quatre formes bien connues) et le gouais blanc, l'ancêtre obscur.

La Bourgogne est le pays du chardonnay. La popularité de l'ensemble des vins de cette région a été le tremplin de la célébrité du cépage. Toute variété pouvant produire à la fois un puissant et appétissant chablis et un somptueux montrachet, aussi riche et complexe qu'un tapis d'Ispahan, mérite d'être plantée partout ailleurs. Alors que certains cépages se sont enroués en émigrant, le chardonnay a chanté comme un rossignol sur les cinq continents. Il a souvent témoigné sa gratitude envers les sols étrangers qui l'ont accueilli, en permettant aux viticulteurs de produire les meilleurs vins de leur vie.

Le chardonnay et le chêne s'accordent à merveille – des copeaux de chêne pour les vins bon marché et des barriques de chêne français pour les vins de qualité. La vanilline du chêne et la saveur laiteuse ou crémeuse laissée par les lies caractérisent sa personnalité autant que les notes fruitées, qui varient du citron et de la lime dans les climats plus frais à la tangerine, à l'abricot et au melon dans les lieux plus chauds. Le résultat final ? À un extrême, de plantureux vins dorés, si chargés de riches flaveurs beurrées et boisées qu'on voudrait les manger. À l'autre extrême, des vins blancs pâles, presque énigmatiques, à qui il faut laisser l'air ou le temps réveiller la complexité. Le fait que, très souvent, ces différences résultent autant des techniques de vinification que de l'origine du vignoble explique aussi la popularité du chardonnay; elles ouvrent la porte à la créativité humaine.

Finalement, le chardonnay est l'un des trois cépages clés du champagne, ajoutant senteur et sensualité aux assemblages, et créant des champagnes d'une finesse et d'un charme incomparables. Cette qualité lui a aussi valu une place à l'étranger. Partout où se fabrique un vin mousseux ambitieux, le chardonnay sera dans les parages.

CI-CONTRE *C'est dans un chablis que culminent la vivacité et la minéralité du chardonnay.*

DOSSIER D'INFORMATION : Chardonnay

La robe De jaune paille pâle à vieil or.

Les senteurs Citron, melon et fruits à noyau pâles, crème ou beurre, vanille.

Les saveurs Hautement variables, selon l'ambition et le terroir. Parfois vives, incisives et minérales; souvent douces, crémeuses et pleines; parfois onctueuses et riches.

La texture
Occasionnellement tendue et serrée, mais généralement souple et grasse.

Localisations clés
Bourgogne, Champagne, Languedoc; Californie, Oregon, Washington; Australie; Nouvelle-Zélande; Afrique du Sud; Chili, surtout Casablanca; Canada.

Le saviez-vous ?
Le champagne blanc de blancs est composé uniquement de chardonnay, qui est aussi de plus en plus utilisé dans le cava espagnol. Soyez à l'affût des chardonnays des climats plus frais, comme la Russian River Valley en Californie, les plaines d'Adelaïde en Australie et la Tasmanie, et même l'Autriche, le Canada et de Long Island (État de New York); vous ne verrez plus ce cépage du même œil.

DOSSIER D'INFORMATION : Sauvignon blanc

La robe De vert-argent à jaune pâle.

Les senteurs Feuille verte, gazon fraîchement tondu, foin frais, groseille, asperge, pierre à fusil, pierre écrasée; moins agréable : pipi de chat, oignon, bonbon.

Les saveurs Plus aromatiques que celles de la plupart des cépages; pomme verte ou lime.

La texture Fine et souple.

Localisations clés Haute vallée de la Loire et la Touraine, Bordeaux; Nouvelle-Zélande, surtout Marlborough; Afrique du Sud, surtout les Darling Hills, Constantia, Elgin et Walker Bay; la vallée de Casablanca et les montagnes côtières du Chili.

Le saviez-vous ? La présence du sauvignon blanc dans les vins doux de Sauternes est discrète mais importante, sollicitant le botrytis précoce et ajoutant une vivacité doucement séveuse. La Bourgogne a son saint-bris et la Californie son fumé blanc – un type de vin blanc élevé en fûts de chêne, qui comprend généralement du sauvignon blanc.

Sauvignon blanc

Aucun cépage n'est plus facile à reconnaître que celui-ci, ce qui explique peut-être la division entre les buveurs. Certains l'adorent; d'autres l'évitent.

Les raisins «blancs», comme chacun le sait, sont verts. Le Portugal fabrique traditionnellement un vinho verde ou vin vert, et il y a un certain nombre de cépages dont le nom fait allusion à cette couleur, comme le verdelho portugais, le verdejo espagnol et le verdello italien. Aucun, cependant, n'évoque les feuilles, l'herbe et la clairière comme celui-ci.

Le poète anglais du XVIIe siècle Andrew Marvell a écrit un poème lyrique intitulé *Le jardin*. Nous apprenons dans le cinquième vers, non sans incrédulité, que les grappes pulpeuses de la vigne viennent écraser leur vin sur sa bouche. Plus tard, après avoir trébuché sur des melons et être tombé sur l'herbe, le poète aimerait «annihiler tout ce qui est fabriqué / en une pensée verte dans une ombre verte ». Ce vin ne pouvait être que du sauvignon blanc.

Et il l'était fort probablement. Le sauvignon blanc est une variété bordelaise qui, avec le cabernet franc, est l'un des deux parents du cabernet sauvignon. Depuis le mariage d'Henri II avec Aliénor d'Aquitaine, en mai 1152, le bordeaux a gardé les classes moyennes anglaises réconciliées avec les misères d'un monde sans soins dentaires ni chauffage central.

Pour l'œnologue contemporain, la description du «vert» de Marvell serait la présence de méthoxypyrazines responsables de l'odeur et de la saveur d'ortie fraîche, qui semblent éclater à l'intérieur d'une bouteille de sauvignon blanc. De leur côté, les botanistes pourraient imaginer la chlorophylle. Cette fraîcheur irrésistible se retrouve dans les sauvignons blancs de la haute vallée de la Loire, en France (dont les appellations régionales sont notamment Sancerre, Pouilly-fumé, Menetou-Salon et Quincy) et de Marlborough, en Nouvelle-Zélande. Les vins néo-zélandais l'emportent au point de vue du caractère herbeux. Les vins français se démarquent toujours par leur intensité minérale, bien que l'avant-garde de Marlborough s'efforce de les rattraper.

Dans ces deux régions, on considère généralement le chêne neuf comme un vêtement inutile pour un vin que la nudité rend plus attrayant. Ailleurs, en revanche, le sauvignon est mis en contact avec du chêne neuf, surtout lorsqu'il doit être assemblé avec d'autres cépages blancs, comme le sémillion dans les bordeaux. En résultat, la robe sera d'un vert plus calme, laiteux et embué.

Le sauvignon est maintenant cultivé dans presque autant de pays que le chardonnay. Malheureusement, aucun cépage ne s'adapte aussi mal que lui aux climats étrangers. Toute sa vivacité palpitante, en particulier, disparaît lorsqu'il est planté dans un endroit trop chaud. Pour approcher le caractère du sauvignon des climats plus frais, les vinificateurs se voient forcés de recourir à des stratagèmes, tels que la vendange précoce, l'acidification, l'utilisation d'enzymes et de levures de premier choix et l'addition d'essences illégales (eh oui, c'est déjà arrivé). Sinon, ils risquent de ne produire qu'un vin blanc pâteux, sans personnalité, goûtant les petits pois en boîte ou les bonbons bouillis.

CI-CONTRE Un sauvignon de référence pour chaque hémisphère : Nouvelle-Zélande et France (vallée de la Loire).

OLD RENWICK
VINEYARD
MOROGUES
DOMAINE HENRY PELLÉ
750ml

estate bottled · Produce of Germany
2006
Riesling
Pfalz
Gutsabfüllung
Weingut Geheimer Rat Dr. von Bassermann-Jordan
alc. 11% by vol.
D-67146 Deidesheim
750 ml
NEW ZEALAND
RIESLING

Riesling

L'apparence sensuelle est-elle tout ? Pas vraiment. Le vin doit aussi nourrir l'esprit. Aucun cépage n'est plus stimulant que le riesling.

Le riesling est un habitant du Nord. Ce cépage blanc s'est d'abord fait connaître en Allemagne à la fin du Moyen âge. Vers le milieu du XVe siècle, les princes et les évêques rhénans ont commencé à exhorter les gens qui entretenaient leurs terres à cultiver le riesling. Ils avaient goûté à son vin, tandis qu'ils dévoraient des cuisses de perdrix rôtie, et en avaient redemandé aussitôt en claquant leurs doigts bagués. En raison de sa maturation tardive, la culture de ce cépage comportait des risques. Le vin pouvait être enchanteur lors d'une bonne année, mais lorsque les pluies automnales s'abattaient trop tôt, le riesling restait sur les pentes boueuses, servant de nourriture aux perdrix, tandis que d'autres variétés, telles que l'elbling et le silvaner, fermentaient en toute sécurité dans les cuves. L'ascension du riesling dans le monde du vin a été lente.

C'était il y a longtemps; aujourd'hui, la planète s'est réchauffée. Par ailleurs, le riesling a voyagé vers des terres où le soleil brille avec une générosité qu'il a rarement connue chez lui. Quand il bénéficie de temps pour arriver à pleine maturité (si les jours sont chauds et ensoleillés, il apprécie les nuits fraîches), le riesling produit toujours un vin blanc intrigant, singulier, équilibré et provocant. En outre, il traduit le sol de son terroir avec une fidélité supérieure à celle des autres cépages. Aucun autre vin ne semble goûter les minéraux autant que le grand riesling. Je dis «semble», car l'analyse du vin ne peut mettre en évidence l'ardoise, le granite ou la pierre calcaire. Alors comment expliquer ce goût ?

Le riesling tend à avoir une teneur élevée en extrait – les solides non volatils dans un vin. En tant que jus de raisin, il contient beaucoup de sucre et d'acidité. Comme le muscat (voir en page 50), il est riche en monoterpènes à qui il doit ses savoureux parfums. Il est volubile. C'est peut-être la combinaison de ces facteurs qui nous donne l'impression que la palette de saveurs fruitées du riesling repose sur un léger lavis d'ardoise ou de poudre de granite.

Chez lui, en Allemagne, le riesling peut donner des vins dont le taux d'alcool est si faible qu'on le perçoit à peine. À la place de l'alcool, ces vins expriment les fruits frais plus vrais que nature, grâce à une tension incomparable entre le sucre et l'acidité. Ajoutez des notes minérales sous-jacentes, entretissées de parfums de fleurs, de taillis et de verger, et la boisson obtenue ne ressemblera plus à du vin, mais à un subtil résumé du monde naturel. En Australie, le riesling est beaucoup plus puissant, sec et imposant – mais les fruits tropicaux (typiquement la goyave, la papaye et la mangue) dominent encore son cœur, tandis que la terre et la pierre coiffent sa finale. D'autres terroirs donneront d'autres variations. En fait, la seule entrave à l'expansion du riesling n'est pas sa capacité d'adaptation à de nouveaux sols, mais l'incompréhensible attrait modeste qu'il suscite chez le public.

La saveur que vous ne trouverez presque jamais est celle du chêne. Le riesling et le chêne neuf n'ont aucune affinité. Le riesling est un objectif pointé sur la nature. Le chêne embrouille cet objectif.

CI-CONTRE Le choix du buveur réfléchi : le riesling semble rafraîchir l'esprit aussi bien que le corps.

DOSSIER D'INFORMATION : Riesling

La robe Presque incolore, en passant du vert-argent au jaune huileux.

Les senteurs Fleurs, fruits et pierres. Les fruits varient de pomme, pêche, raisin, pamplemousse et tangerine dans les climats frais à mangue, ananas et papaye dans les zones chaudes. Recherchez aussi les odeurs de peau blanche, d'écorce et de zeste.

Les saveurs Elles reflètent les senteurs, bien que les notes minérales deviennent plus importantes. Une acidité fraîche les maintient souvent en équilibre presque électrique.

La texture Finesse extrême et douceur humide de rosée dans les vins à faible teneur en alcool et en sucre; richesse huileuse dans les vins à teneur plus élevée en alcool ou en sucre.

Localisations clés Allemagne; Alsace; Autriche; Clare Valley et Eden Valley; États-Unis, surtout Washington et New York; Canada.

Le saviez-vous ? Les vins de vendange tardive et les vins de glace ne sont jamais meilleurs que lorsqu'ils sont élaborés à partir du riesling. Ce sont des vins doux, souvent de production très limitée et de coût élevé, qui semblent exploser dans la bouche, grâce à cette tension caractéristique entre la sucrosité et l'acidité.

DOSSIER D'INFORMATION
Cabernet sauvignon

La robe Pourpre-noir dans la jeunesse; grenat en vieillissant.

Les senteurs Cassis, crayon et cèdre pour les vins élevés en fûts de chêne français. Myrtille et mûre en climat chaud; poivre, herbe et poivron vert en climat (trop) frais. Pierres, viande et épices. Deviennent plus harmonieuses avec le temps.

Les saveurs Concentrées et pures, autour d'un cœur de cassis. Amplement tanniques, mais avec aussi un bon équilibre acide. De plus en plus harmonieuses avec le temps.

La texture Ferme et pourvue de mâche, dans la jeunesse; ronde et veloutée en vieillissant.

Localisations clés Bordeaux, surtout Saint-Estèphe, Pauillac, Saint-Julien, Margaux, Pessac-Léognan; Espagne; Italie, surtout Bolgheri; Bulgarie; Australie, surtout Coonawarra, Wrattonbully, Margaret River; Californie, surtout Napa; Washington; Chili.

Le saviez-vous ? Meritage est un nom utilisé par certains bordeaux d'assemblage aux États-Unis. Le cabernet est largement utilisé dans les vins d'appellations autres que Bordeaux dans le sud-ouest de la France, notamment les bergeracs. Jusqu'à 20 % de cabernet sauvignon sont permis dans le chianti classico.

Cabernet sauvignon

Si le monde du vin a un commandant en chef, c'est le cabernet : autoritaire, reconnaissable, constant et de bon potentiel de garde.

Le cabernet sauvignon est né dans le Bordelais; son père est le cabernet franc et sa mère, le sauvignon blanc. Il aime la chaleur, qui fera mûrir sa peau bleue épaisse, rendra son jus sucré et amènera sa profusion de pépins à leur maturité reproductrice. Autrement dit, il ne mûrira pas partout dans le Bordelais. Lorsque c'est le cas, il est toujours assemblé avec d'autres cépages. Mais donnez-lui un bon été, à lézarder au soleil sur les célèbres graves du Médoc, et il vous offrira des vins rouges dont la robustesse, la complexité, l'équilibre et la beauté en font, selon l'avis de beaucoup, l'archétype de tous les vins rouges. Aucun ne vieillit mieux ou plus également. Aucun ne rafraîchit, ne nourrit, ne stimule ou ne s'assimile aussi mémorablement. Il est le vin favori d'un buveur sur deux.

La domination et le succès remarquable du cabernet sauvignon, étendus à l'échelle mondiale, surprennent donc peu. En raison de l'épaisseur des peaux et de l'acidité qui persiste dans le jus tout au long de l'été, un bon cabernet sauvignon est toujours un vin foncé, puissant, tannique et fermement structuré. Contrairement au riesling, il adore le chêne, surtout la chaleur du chêne français. Ses saveurs distinctives de cassis, de mine de crayon et de cèdre augmentent et diminuent quand il s'expatrie, mais sont généralement reconnaissables. Il n'y a qu'une chose que le cabernet sauvignon déteste : un été froid. La verdeur intrinsèque de la personnalité de sa mère et souvent caractéristique de celle son père le menace. Un cabernet sauvignon qui goûte l'herbe, la feuille ou le poivron vert, dont l'acidité prend le dessus sur les tanins et dans lequel le cassis pâlit en groseille est le résultat fâcheux d'un été décevant – ou d'un lieu inapproprié.

Heureusement, il y a de nombreux bons terroirs et chacun tend à laisser sa marque. Dans l'abondance de lumière et de chaleur sèche de la Californie, le cabernet sauvignon se transforme en l'un des vins les plus charpentés et charnus du monde. Au Chili, par contraste, il est plus rond et plus doux que partout ailleurs. En Bulgarie, à son meilleur, il fait écho aux vins européens. Dans la région australienne de Coonawarra, au climat presque trop frais, il se dote d'un parfum de cassis d'une pureté incomparable. En Afrique du Sud, il est capable d'être savoureux. En Espagne et en Italie, il compose en partie ou en totalité certains des plus grands vins rouges. En Grèce, en Israël et au Liban, il peut vraisemblablement faire des progrès.

Le cabernet aime souvent être le capitaine d'une équipe. Les «assemblages de bordeaux», à base de merlot, malbec, cabernet franc et petit verdot, ainsi que de cabernet sauvignon, tendent à être plus amples et plus complexes que le cabernet seul. En Australie, on a obtenu du vin remarquable en l'assemblant avec de la shiraz. Il n'y a qu'en Californie que le cabernet sauvignon se distingue en monocépage sculptural et complet.

CI-CONTRE Le grand cabernet sauvignon voyage en long-courrier de la jeunesse vers la maturité.

CKHORN VINEYARDS
2004
NAPA VALLEY
MERLOT

Merlot

Souple et séduisant, tout en rondeur et en chair, le grand merlot est le vin rouge le plus charnel du monde.

Si vous aimez les bordeaux rouges, vous adorez probablement le merlot. Peu de bordeaux rouges se passent de merlot, la variété de vigne la plus plantée du vignoble bordelais. Sur la «rive droite», il est le cépage dominant de Saint-Émilion et de Pomerol, dont beaucoup de vins pourraient, en théorie, ne porter que son nom sur leur étiquette (selon la norme européenne, il doit être présent à 85 % minimum). Les grands pomerols et saint-émilion sont riches, de texture souple (même quand ils sont tanniques), foncés et purs. La prune, la mûre et la cerise noire remplacent le cassis du cabernet. Lorsqu'ils sont jeunes et frais, ils peuvent sembler presque crémeux; avec le temps, ils évoluent en chair et saveurs, en prenant même un goût de truffe. Le chêne leur apporte des notes de café et de chocolat. Ils sont beaux, ouverts et invitants. Difficile de leur résister, n'est-ce pas ? C'est ce que disent les millionnaires. Le Château Pétrus qui, selon l'avis de beaucoup, est le plus grand vin rouge du monde, est un merlot avec parfois un soupçon de cabernet franc. Et la plupart des voitures neuves coûtent moins cher qu'une caisse de Pétrus 1990 (soit cinq fois le prix de ma voiture).

Le merlot n'a qu'un seul défaut. Il est un voyageur paresseux. Je ne veux pas dire qu'il n'aime pas voyager; en fait, il pousse bien dans de nouveaux lieux. Cépage de maturation précoce et de rendement généreux, il représente un choix sûr pour les viticulteurs. Son nom est familier et facile à prononcer. Alors où réside le problème ? Sans les roches calcaires, le gravier et le doux air marin de la rive droite du Bordelais; sans la flèche de l'église de Pomerol pointée sur lui; sans les caves sombres, les catacombes et les cloîtres de Saint-Émilion le merlot ne prend plus la peine de produire un vin aussi débordant de séduction, aussi viscéralement plaisant, ou aussi épanoui que lorsqu'il est chez lui. Une fois expatrié, son demi-frère (le cabernet sauvignon) semble redoubler d'efforts pour se faire remarquer. Le merlot a souvent la réputation d'être un cépage rouge accommodant, passe-partout et peu résolu. Il profite du paysage, prend la vie comme elle vient. En vérité, le fait qu'il mûrisse tôt et qu'il ait un bon rendement entraîne sa culture à trop grande échelle, comme c'est le cas du sauvignon blanc. La surexploitation du merlot dans les régions fraîches, telles que le nord de l'Italie et l'Europe de l'Est, le rend sans charme, végétal et anodin.

Pour tirer le meilleur du merlot, une discipline s'impose; il faut limiter son rendement, le vendanger à pleine maturité et trier ses grappes (il est sujet à la pourriture). Cette rigueur est récompensée par des vins ne possédant pas nécessairement une grande personnalité, mais qui semblent toujours à leur place dans un assemblage, ajoutant une douceur fruitée et de la chair aux cépages plus fermes et autoritaires, surtout le cabernet et le malbec. Occasionnellement, il produira des vins de cépage qui au moins s'approchent du profil d'un pomerol charnu, opulent, au doux fruité, même s'ils ne déclenchent pas les feux du désir que le Pétrus, Le Pin et La Conseillante sont capables de provoquer.

CI-CONTRE Un grand merlot devrait toujours être soyeux et souple. Les vins de Napa ont plus de puissance que ceux de Bordeaux ou du Chili.

DOSSIER D'INFORMATION
Merlot

La robe Bleu-noir ou rouge-noir pour les vins jeunes; rouge brique intense pour les vins vieux.

Les senteurs Prune, mûre et cerise noire, parfois avec des effluves de crème; café ou chocolat pour un vin élevé en fûts de chêne; puis viande, épices, truffe, chocolat, cigare de la Havane. Les moins bons vins ont des odeurs de feuilles, anodines.

Les saveurs Fruits foncés et crème riche dans la jeunesse; saveurs rondes et chaudes de viande et de pierre avec le temps. Les acides sont généralement plus discrets et les tanins plus souples que ceux du cabernet; pourtant, un merlot fin a un magnifique éclat intérieur.

La texture Riche, dense mais douce, devenant soyeuse et souple.

Localisations clés Bordelais, surtout les AOC Pomerol, Saint-Émilion, Fronsac, Côtes de Castillon; Italie, surtout Bolgheri; Suisse, surtout Ticino; Bulgarie; Roumanie; Moldova; Californie; Washington; New York, surtout Long Island; Chili; Afrique du Sud.

Le saviez-vous ? Le merlot, comme le cabernet sauvignon, est utilisé dans les vins d'appellations autres que Bordeaux dans le sud-ouest de la France, notamment les bergeracs.

DOSSIER D'INFORMATION
Syrah/Shiraz

La robe Pourpre-noir à rouge profond.

Les senteurs Variées et franches. Notes fruitées courantes de cassis, cerise, prune et mûre. Parfum floral caractéristique. Senteurs récurrentes de crème, chair animale, fumé, terre, poivre, herbes et (moins désirable) caoutchouc brûlé. Le chêne français ajoute du grillé; le chêne américain donne une odeur sucrée, parfois de menthe.

Les saveurs Aussi variées que les senteurs et la structure, allant d'incisives et nerveuses (lorsque l'acidité est prépondérante) à riches, douces et agréables (lorsque l'acidité est faible et les fruits très mûrs). La teneur en tanins varie aussi; la syrah est rarement ouvertement tannique comme peut l'être le cabernet.

La texture Varie de lisse à grasse et tapissant la langue; rarement rugueuse.

Localisations clés Rhône, toutes les appellations de rouges, surtout Hermitage et Côte rôtie; Languedoc; Suisse, surtout Valais; Australie; Californie; Washington; Chili; Afrique du Sud.

Le saviez-vous ? Soyez à l'affût des shiraz effervescents australiens, aux arômes riches de goudron et à la mousse rose.

Syrah/Shiraz

Un cépage; deux noms. Voici le plus grand acteur du monde du vin, capable de transformations extraordinaires.

Les Français l'appellent syrah et les Australiens, shiraz. Shiraz est aussi une ville ancienne d'Iran, autrefois la ville du vin. Le cépage est-il d'origine perse ? Non, selon son ADN. Ses gènes indiquent deux humbles parents français : la dureza d'Ardèche et la mondeuse blanche de Savoie.

Géographiquement, le Rhône est son terroir. Même chez elle, la syrah est capable d'élargir ses styles de façon majestueuse. Dans les sols graniteux du Rhône septentrional, balayés par les vents, elle crée des vins rouges légers, sveltes, foncés, parfumés et harmonieux, tendus par une acidité surprenante, prêts à galoper dans les couloirs du temps. Dans la chaleur des galets roulés de Châteauneuf-du-Pape et d'autres sites du Rhône méridional, elle se métamorphose en un vin plus langoureux, plus richement fruité et plus suavement parfumé, doux comme un frottement d'aile de papillon sur des pétales de roses.

Dans le Languedoc, elle s'affaire aussi à créer de nouveaux personnages. Peu de cépages parviennent à mieux extraire les odeurs du terroir qu'elle. Chaque fois que le souvenir des coteaux tapissés d'herbes du Languedoc émane d'un verre de vin rouge, c'est probablement la syrah qui est allée cueillir le thym et le romarin.

Que lui est-il arrivé durant son voyage en Australie en 1832 ? Génétiquement, semblerait-il, rien du tout. Pourtant, la syrah plantée dans les sols sablonneux de Barossa Valley et McLaren Vale donne une tout autre performance. Ses vins peuvent être doux et onctueux, aussi intenses qu'une tempête tropicale, plus riches et plus denses que n'importe quel rival d'un autre continent. La chair et la peau des raisins modèlent son nouveau profil plus que l'utilisation du chêne américain. Même en Australie, elle continue à interpréter de nouveaux rôles. Elle met en valeur ses origines du Rhône septentrional dans les vins de la région de Canberra en Nouvelle-Galles du Sud, par exemple, ou prend une apparence inédite, étonnante et intensément australienne, imprégnée de beauté audacieuse, dans les vins de Heathcote, dans la région de Victoria.

Cette affinité avec le site et cette capacité à remodeler sa personnalité maintes et maintes fois expliquent sans doute l'énorme popularité de la syrah/shiraz dans le monde viticole de l'hémisphère Sud et des États-Unis. Peut-être est-ce aussi le fait que la syrah partage volontiers la vedette ? Les assemblages de syrah/shiraz et d'un peu de viognier blanc parfumé sont devenus très en vogue, sur le modèle du séduisant côte-rôtie. Par ailleurs, peu d'amateurs de vin contesteraient que l'assemblage GSM (grenache, shiraz, mourvèdre), tel que l'appellent les Australiens, n'a rien à envier à celui de cabernet sauvignon et merlot. Les assemblages de shiraz et cabernet, caractéristiques de l'Australie, forment un autre duo prometteur. Surveillez aussi la syrah qui évolue sur les granites décomposés du Chili et d'Afrique du Sud, où elle s'évertue à créer de nouveaux rôles, personnalités et identités pour le futur plaisir des buveurs.

CI-CONTRE D'idole de repas gastronomique à vedette de fêtes pétillantes, le syrah/shiraz a plus d'un rôle dans son répertoire.

JEAN-LUC
2006

Champagne
BRUNO PAILLARD
Reims - France
PREMIÈRE CUVÉE

Pinot noir

Êtes-vous prêt(e) pour la quête du pinot noir ? Le parcours est long et ardu, semé d'embûches et de déceptions. Tout le monde ne reste pas dans la course.

Le pinot noir est le poète des cépages. De longues boucles flottantes; des yeux ardents; un comportement exaspérant et parfois enfantin, racheté par une occasionnelle brillance. Aucun cépage n'a autant brisé le cœur des vignerons.

Il est vieux – probablement âgé de deux mille ans, sinon davantage –, et sélectionné originalement à partir de vignes sauvages. Il est génétiquement mutable. Au moins trois de ses mutations ont donné d'importantes variétés distinctes (pinot blanc, pinot gris et pinot meunier) et sa relation avec le gouais blanc a produit au moins quatre fameux descendants (chardonnay, aligoté, melon et gamay).

C'est presque comme si toute cette fécondité a accablé le pinot d'une crise d'identité permanente. Lorsqu'il est planté par pure ambition, sans tenir compte de l'aptitude du vignoble, il donne généralement des vins de piètre qualité. Lorsqu'il voyage, le pinot noir connaît plus d'échecs que de succès. En revanche, plantez-le au bon endroit et vous pourriez obtenir un clairet qui s'épanouira dans le verre, séduisant les buveurs avec ses parfums de fleurs et ses saveurs de fruits, de sous-bois et de pierres chaudes d'une soirée d'été. Au lieu de l'alourdir, ses tanins légers et gracieux le soutiennent, tandis que son acidité stimule ses saveurs fruitées. Pourtant, il persiste en bouche et semble évoluer, avec une douceur mystérieuse, vers une finale beaucoup plus grande que la somme de ses parties. Même après l'avoir avalé, vous continuerez à sentir ses parfums s'élever tel un écho.

Où se trouve le bon endroit ? Dans un site plus frais que la norme. Le pinot noir a besoin d'être encouragé pour performer. Comme tous les poètes, il a la sensibilité à fleur de peau. Un travail méticuleux au vignoble est essentiel, surtout en périodes de mauvais temps, car il est vulnérable au mildiou et aux virus. Ce n'est que dans une région fraîche que ses raisins de maturation précoce pourront traîner jusqu'à l'automne pour amasser une complexité d'arômes et de saveurs. Ses grains durs et inexpressifs à l'état de verdeur passent rapidement à la douceur et à l'éloquence lorsqu'ils sont surmaturés. Durant la fermentation, le pinot noir doit être soigné avec la délicatesse d'un chirurgien; les erreurs (trop de chêne, trop de macération) sont toujours punies. En outre, les variations climatiques d'une année à une autre ont une incidence sur les raisins, comme en témoigne le goût d'un bourgogne de chaque nouveau millésime.

Toutes ces raisons expliquent le prix élevé des bouteilles de vin rouge issu du pinot noir. Vaut-il la peine de prendre le risque ? Oui, car peu de vins se marient à une gamme aussi étendue d'aliments (y compris le poisson). Oui, car un rouge léger est toujours bienvenu dans un monde de vins de plus en plus corsés. Et oui, car il pourrait s'agir de la bouteille entre mille qui vous rendra esclave du Pinot pour la vie.

CI-CONTRE Le bourgogne et le champagne sont de proches cousins. Le pinot noir est le cépage clé dans les deux.

DOSSIER D'INFORMATION
Pinot noir

La robe Rouge clair à écarlate intense; rarement noir-rouge ou opaque.

Les senteurs Framboise fraîche, cerise et prune, avec un style gracieux, aérien; occasionnellement florales. Traits de chêne et d'épices dans la jeunesse. Parfois d'une grande complexité en vieillissant.

Les saveurs Légères et intenses, plus acides que tanniques; dominées par les petits fruits rouges. Avec le temps, le pinot développe un grand éventail d'évocations – et un pouvoir intérieur surprenant.

La texture À la fois lisse et souple, pleine de vivacité et incisive.

Localisations clés Bourgogne; Oregon; Côtes californiennes; Tasmanie; Nouvelle-Zélande, surtout Martinborough, Marlborough et Central Otago.

Le saviez-vous ? Recherchez les riches saveurs fruitées du pinot dans le champagne blanc de noirs et dans ceux des maisons Krug, Bollinger et Veuve Clicquot. Le pinot noir et sa mutation, le pinot meunier, sont tous deux largement cultivés en Champagne; vinifiés sans leur peau, ils donnent un vin blanc plutôt que rouge.

6

ÉTAPE 6
VIGNES :
Biodiversité
des cépages

Nous avons rencontré les vedettes; découvrons maintenant le reste de la distribution. La meilleure façon de structurer votre exploration du vin consiste à goûter et à prendre note des bons exemples de vins issus des 16 cépages décrits dans cette étape. Nous conclurons par un survol de 31 autres variétés de raisin. Nos 47 cépages représentent presque tous les vins produits dans l'hémisphère Sud et presque tous les vins commercialisés internationalement dans l'hémisphère Nord. Vous en savez déjà beaucoup sur eux.

Fraîcheur de la pomme. Et, au mieux, pureté de la pierre, pour la longévité des vins de la vallée de la Loire.

Chenin Blanc

De nos jours, le chenin blanc est plus largement cultivé en Afrique du Sud que dans sa France natale; la Californie possède également de grandes plantations. Il est utile aux deux endroits (il retient son acidité lorsqu'il fait chaud). Toutefois, pour comprendre son caractère, commencez par les vins originaux du climat frais de la France, tels que ceux de Vouvray, d'Anjou, de Saumur et de Savennières. Vous les trouverez sous différentes formes : secs, demi-secs, doux et même mousseux. L'acidité est toujours présente, mais équilibrée par une texture mielleuse et cireuse; les notes fruitées évoquent la pomme, le raisin et les fruits du verger encore verts. Les pierres humides et moussues, et les puits profonds et frais forment le contexte minéral. Les meilleurs chenins blancs ont une intensité saisissante, et les types doux ou assez doux peuvent, comme le riesling, vieillir quatre décennies sans faiblir. Payez plus cher pour un bon vouvray ou un bon anjou; la grandeur dont est capable ce cépage fait défaut dans les versions bon marché.

Muscat

À l'instar du pinot noir, le muscat a une prédisposition à la mutation. Au moins deux de ses variétés sont de grands cépages de cuve, soit le muscat à petits grains et le muscat d'Alexandrie. (Le muscat ottonel est un croisement avec le chasselas; le muscat de Hambourg rouge foncé est un croisement avec le trollinger.) Ses parfums musqués, aguichants, évocateurs d'orange, de tangerine, d'épices écrasées et d'huile de citron, ainsi que du raisin lui-même, sont à la base de ses attraits; par contraste, ses saveurs sont relativement sans prétention et son acidité est faible. Il est parfois vinifié en vin blanc sec, en particulier en Alsace. Pour faire ressortir tous ses parfums dans leur fraîcheur immaculée, il est généralement préférable d'en faire un vin doux naturel ou un mousseux doux. La plupart des pays producteurs de vin aiment travailler avec le muscat; les samos grecs, les beaumes-de-venise français, les moscatels espagnols et les liqueurs de muscat australiennes en sont quatre exemples succulents. Si vous préférez un mousseux moins alcoolisé et pétillant de bulles qui titillent les narines, optez pour les moscatos italiens; le plus connu est l'asti spumante.

Pêche et freesia : une senteur enivrante, avant même la première gorgée.

Viognier

À la page 45, j'ai qualifié le merlot de «charnel». Y a-t-il un blanc équivalent? Oui, le viognier. Génétiquement, les deux cépages n'ont aucun lien de parenté (le viognier semble avoir des ancêtres italiens); du point de vue de la sensualité, cependant, l'attraction est semblable. De tous les vins blancs, c'est sans doute le plus luxueux, le plus onctueux, le plus succulent. Le viognier est célèbre pour ses senteurs florales (chèvrefeuille ou gardénia), bien que le gingembre, la pêche, l'abricot et la crème puissent tous jouer un rôle. En bouche, ces arômes s'attardent et s'intensifient, s'entretissant aux mailles soyeuses, affriolantes, de la structure provocante du vin. L'acidité est insignifiante; une sensation d'équilibre peut toutefois résulter de la capacité du vin à évoquer un lent feu minéral. Il y a cinquante ans, le cépage a failli disparaître; les vignerons de Condrieu, où les abricotiers, les pommiers et le viognier se disputaient une place sur les terrasses caillouteuses, ont livré une dernière bataille. Il est très planté de nos jours, en partie pour former les fameux assemblages avec la syrah, tel que nous l'avons mentionné en page 46, et en partie dans l'espoir (parfois réalisé, en particulier en Californie) qu'il dévoilera ses charmes, à la manière d'une odalisque. Il se mélange également bien à d'autres cépages blancs. Ne le faites pas vieillir, cependant, à moins d'avoir un penchant pour l'aventure; une beauté aussi précoce ne se garde pas éternellement.

Les vins blancs doux de Sauternes, Barsac et Monbazillac doivent leur caractère onctueux au sémillon élevé en fûts de chêne.

Sémillon

Ce cépage blanc est une énigme. Il joue un rôle majeur dans ce que beaucoup considèrent comme le plus grand vin blanc doux du monde : le Château d'Yquem, qui en contient environ 80 %. Il a beaucoup voyagé. Au début du XIXe siècle, le sémillon représentait plus de 90 % de l'encépagement sud-africain. De nos jours, il est largement planté au Chili, en Australie et en Californie. Pourtant, qui connaît le sémillon? Qui peut décrire ses caractéristiques clairement? Qui le recherche, l'achète et l'aime? Nous pouvons avancer trois choses : 1) il est blanc (qu'il soit sec ou doux) et a une bonne mâche; 2) il se mélange bien à d'autres cépages; 3) il produit d'excellents résultats lorsqu'il est atteint par la pourriture noble (voir en page 173). Ses incarnations les plus mémorables sont les vins blancs secs et doux du Bordelais et du sud-ouest de la France (surtout Bergerac et Monbazillac). Le sémillon élevé en fûts de chêne apporte aux vins blancs doux de Sauternes, Barsac et Monbazillac leur caractère onctueux; et aux vins blancs secs de Pessac-Léognan et Bergerac, leur texture rappelant le lin et une partie de leur moelleux. À Hunter Valley, en Australie, les raisins vendangés avant leur maturité produisent un étrange vin blanc léger, neutre et guère impressionnant dans sa jeunesse, mais qui devient de plus en plus intrigant en vieillissant. Toutefois, le sémillon donne sa meilleure performance en cépage d'assemblage, complétant à merveille d'autres variétés au caractère plus ouvert… comme son vieil adversaire le sauvignon blanc.

Juste un soupçon de pomme en Italie et davantage en Alsace.

Pinot grigio

Vous aurez remarqué que j'ai utilisé la forme italienne de pinot gris. Les Allemands l'appellent Grauburgunder, et Rülander quand il est doux; les Hongrois le nomment szürkebarát; malvoisie est un autre synonyme. Alors pourquoi ai-je choisi le nom italien? Parce que le pinot grigio est certainement la forme la mieux connue du cépage. C'est un vin blanc frais et neutre du nord-est de l'Italie, dont l'immense popularité a tendance à plonger les sommeliers dans la perplexité. L'un d'eux m'a déjà dit une fois, en haussant les épaules de désespoir : «Son goût ne ressemble à rien; et plus son goût ne ressemble à rien, plus les gens l'aiment.» Avait-il raison? À son meilleur, cette mutation à baies gris-rose du pinot noir donnera un vin aux arômes fumés, riches, subtilement épicés, obsédants de poire ou de coing et parfois de fruits d'été mûrs. Prospérant en Alsace, le pinot gris gagne en gras et peut finir en l'équivalent du feuilleté danois dans le monde du vin. Il est toutefois capable de grande subtilité et de nuance, à l'intérieur d'une charpente toujours ample, lorsqu'on restreint le rendement du cépage. En Oregon, il est plus croquant, frais et vivant, rehaussé d'arômes de fruits du verger et ombré d'une acidité plus vive que celle des vins d'Alsace. Le cépage continue à voyager dans le monde, tandis que les viticulteurs cherchent à élargir leur éventail de vins blancs au-delà des chardonnays et des sauvignons. La Nouvelle-Zélande et l'Argentine ont toutes deux retroussé leurs manches et sont allées de l'avant. C'est l'épreuve de vérité sur sa personnalité. En a-t-il une?

Senteurs et sensibilité : comment résister au gewurztraminer?

Gewurztraminer

Vous pensiez que le viognier était parfumé? Attendez de sentir le gewurztraminer. Il y a quelques moments absolument sensationnels dans l'exploration olfactive des vins, et l'un d'eux survient lorsque vous plongez le nez pour la première fois dans les effluves aromatiques d'un gewurztraminer. Pour la plupart des buveurs, il évoque les roses et les litchis, mais il peut aussi faire penser au gingembre, aux épices et à toute une gamme de crèmes faciales et de lotions corporelles. Le célèbre tableau de Lawrence Alma-Taderma, *Les roses d'Héliogabale*, montre un empereur romain débauché enivrant ses invités de pétales de fleurs. C'est l'effet que fait un gewurztraminer. Cette variété à grappes roses, qui donne un vin généralement doré, est une mutation du cépage blanc tyrolien traminer, l'un des nombreux descendants de grand-père pinot. Le gewurztraminer semble des plus heureux en Alsace, où il est le deuxième cépage le plus planté. Cependant, la plupart des autres pays producteurs tenteront de le cultiver tôt ou tard. Il est irrésistible, mais aussi difficile. Planté au mauvais endroit, il peut facilement paraître huileux, végétal, mou ou maladif. À son meilleur, le gewurztraminer devrait être corsé et robuste, saturé de parfums de la première inhalation à la dernière gorgée, et révéler une belle complexité minérale. Il n'a jamais beaucoup d'acidité et sa texture est rarement aussi visqueuse que celle du grand viognier.

Sangiovese

Raffinement, complexité, aspérité : le sangiovese peut être un essai sur la subtilité et la suggestion.

Dans la quête du plus grand cépage italien, le sangiovese a des rivaux, en particulier le nebbiolo dans le Piémont, mais beaucoup couronneraient de lauriers ce toscan de maturité tardive. Toscan ? En fait, il est panitalien : l'un de ses parents est le ciliegiolo de Toscane, mais l'autre est le calabrese di montenuovo de Calabre. Il a différentes formes clonales, reflétées dans sa variété de synonymes (nielluccio, morellino, brunello, prugnolo gentile) et se décline en grosso et piccolo. Comme le chardonnay, son échelle de qualité est aussi grande qu'il y a de vins. Le sangiovese bon marché est pâle, fluet et acide. Par contraste, le grand sangiovese est un vin rouge avec toute la délicatesse et le raffinement d'un paysage de la Renaissance. De corps moyen, harmonieux et frais grâce à sa vive acidité, le sangiovese évoque délicieusement la pomme, la cerise amère, la feuille de laurier, le café; sa texture est souple comme de la peau de veau; et son accord avec les mets et sa digestibilité rivalisent avec ceux d'un bon bordeaux. Bien que souvent complété par d'autres cépages d'assemblage, on le retrouve dans les chianti classico, chianti rufina, brunello di montalcino, vino nobile di montepulciano et certains des vins «super toscans» vendus maintenant sous l'appellation IGT Toscane. En revanche, tout vin italien étiqueté «sangiovese» est normalement issu de ce seul cépage. Il n'a pas voyagé avec succès jusqu'ici, bien que les gros efforts déployés en Californie puissent éventuellement porter fruits.

Carignan

Comme le plus sombre des nuages de tempête, le carignan a une face argentée par le soleil dont peu de nous soupçonnaient l'existence.

Le carignan est une sorte de gueule de bois; ce qui n'est pas vraiment ce vous attendez d'un cépage. Laissez-moi vous expliquer. Il y a 50, 70 ou 90 ans, les viticulteurs européens prospéraient en mettant l'accent sur la quantité plutôt que la qualité, et le carignan (aussi connu sous les noms de cariñena ou mazuelo en Espagne) produisait volontiers des grappes à profusion. Le vin issu de ces raisins n'était pas particulièrement attirant. Effectivement, il était souvent foncé, âcre, amer et acerbe. Il y en avait cependant en abondance et à bas prix. Aujourd'hui, le monde a changé. Peu de nous veulent boire un litre de vin déplaisant chaque jour. Le carignan a été expulsé de son lieu de prédilection; statistiquement, il fait partie des cépages du passé. Alors pourquoi en parler ? Simplement parce que, comme le plus sombre des nuages, il a une face argentée par le soleil dont peu de nous soupçonnaient l'existence. Pour révéler sa beauté cachée, il faut persévérer à travailler avec les vieilles vignes âgées d'au moins 100 ans et contrôler étroitement leur rendement. En ce faisant, on pourra se délecter d'un vin rouge dont la densité et la succulence se marient à une beauté à la fois austère et envoûtante. Peu de cépages rouges peuvent exprimer la qualité minérale des meilleurs sites du Languedoc comme le bon vieux carignan, qui donne aussi des résultats semblables dans le Priorat, en Espagne. Amour et persévérance sont ici la clé du succès.

Tannat

Un vin d'une sévérité positive, qui conjugue les fruits foncés à un feu intérieur.

Le monstre. Comme les couleurs vives d'une chenille venimeuse, son nom met en garde le buveur prédateur. Oui, le tannat est tannique. Immensément tannique. Lorsqu'il est cultivé sur les sols d'argile à galets de Madiran, il donne des vins noirs qui font vibrer les papilles gustatives. Si vous pouvez le supporter (en mangeant impérativement), vous découvrirez un vin d'une sévérité positive, qui conjugue les fruits foncés à un feu intérieur. Le chêne ajoute de la richesse au vin, qui est déjà si tannique que cet apport ne fait pas une grande différence; la micro-oxygénation permet souvent d'assouplir les tanins (voir en page 73); et un décantage pendant huit heures est toujours recommandé. Le tannat est un vin pour l'hiver, pour les explorateurs polaires, pour le jour de Noël dans un port baleinier. L'assemblage avec des cépages plus légers, tels que le cabernet sauvignon (qui reçoit rarement ce qualificatif), le cabernet franc et le fer, rend le tannat légèrement moins intimidant. Cette curiosité monumentale est aussi cultivée dans la région basque d'appellation Irouléguy, au climat plus frais, où il donne un vin un peu plus léger que celui de Madiran, ainsi qu'à Côtes de Saint-Mont, dans la région d'Armagnac. Les émigrants basques l'ont importé en Uruguay, où il est devenu l'un des cépages les plus plantés du pays (appelé localement *harriague*). Le vin rouge solide et vivant qui en résulte manque toutefois de la grandeur presque effrayante qui caractérise les vins produits au pied des Pyrénées.

Mourvèdre

Les mûres sauvages et d'autres surprises se cachent dans la plupart des mourvèdres.

Coriace, plus coriace, le plus coriace? Pas tout à fait, mais presque. Ce cépage est le plus largement planté en Espagne sous le nom de monastrell. En Australie et aux États-Unis, on l'appelle mataro. Pourtant, ses plus grands vins viennent de Bandol, un amphithéâtre calcaire ensoleillé, situé juste derrière le port de Toulon, sur la côte méditerranéenne française. Il est aussi cultivé dans le Rhône méridional, sur les coteaux de Châteauneuf-du-Pape; il prospère dans le Languedoc; et il se répand dans le Roussillon. Il me fait penser à la nuit : sombre, tranquille, impénétrable, énigmatique... mais, à son meilleur, habité d'une étrange magie. Voici ce que j'ai récemment trouvé dans un Bandol 1988 : de la fourrure de lapin et des ruches; des bosquets de pins sur des coteaux chauds; un jardin où des *contadini* (petits propriétaires) préparent du concentré de tomate pour l'hiver; les gratte-culs que mes frères et moi avions l'habitude de démembrer pour en faire notre propre poil à gratter. Ce vin singulier, il faut en convenir, était vieux; les versions plus jeunes se spécialisent dans les arômes de mûres, mais cette évocation est généralement emprisonnée dans un coffre de tanins. Le mourvèdre semble couver des passions imprévisibles, enfermées sous les verrous du temps. Il a constamment besoin d'énergie solaire; la grande partie de la Provence, par exemple, est simplement trop fraîche pour sa culture. Il sera planté davantage dans l'avenir et nous réservera, sans aucun doute, de nouvelles surprises.

Grenache

Rarement de couleur foncée, il donne un rosé qui tire souvent vers l'orange; ses saveurs ont toujours un accent sucré.

On l'appelle *garnacha* en Espagne et *cannonau* en Sardaigne. Partout ailleurs, on utilise généralement la forme française du nom pour décrire ce grand amateur de soleil. Le grenache est aussi un cépage résistant, que le vent ne dérange pas et qui adore les cailloux et le sable. Ses besoins en eau se comparent à ceux d'un chameau; il peut supporter un été sec mieux que la plupart des cépages. Son bois est suffisamment vigoureux pour se passer d'échalas et de fils de fer, et pousse comme une griffe en plein air. Et le vin ? Aussi fort que le cépage. Peu de grenaches ont moins de 13,5% ou 14% vol. Rarement de couleur foncée, il donne un rosé qui tire souvent vers l'orange; ses saveurs ont toujours un accent sucré. En fait, le plus modeste des grenaches offre aux buveurs de vins un plongeon dans un pot de confiture. En revanche, un grenache complexe est l'expression parfumée, somptueuse et profonde de la lumière du soleil transformée en jus de roche. Ce dur à cuire est aimable; il se mélange volontiers à ses semblables, particulièrement à l'harmonieuse syrah parfumée et au fougueux mourvèdre tannique. Ce trio est souvent appelé GSM en Australie. En France et en Espagne, ses partenaires varient. Il est habituellement au centre de la plupart des assemblages méridionaux, surtout ceux des galets roulés du Rhône méridional (dont les fameux gigondas et châteauneuf-du-pape), des schistes du Priorat et des terrasses de Baja Rioja et de Navarre. Et de fort belle façon.

Malbec

Foncé, vif, intense, magistral, plein d'entrain et d'énergie : le grand malbec argentin est le miroir de la musique et de la danse du tango.

Qu'ont en commun le malbec et le sauvignon blanc ? Ce sont deux expatriés prospères. Comme le sauvignon blanc, le succès du malbec dans l'hémisphère Sud a failli surpasser sa performance dans sa France natale. Le cépage a émigré vers le sud durant l'exode des cépages menacés par le phylloxéra à la fin du XIXe siècle. Depuis, il est devenu le cépage emblématique de l'Argentine, où vous trouverez presque trois fois plus de bouteilles de malbec qu'en France. Comme le sauvignon blanc en Nouvelle-Zélande, et la shiraz en Australie, le malbec argentin a un caractère qui lui est bien propre. Foncé, vif, intense, magistral, plein d'entrain et d'énergie : le grand malbec argentin est le miroir de la musique et de la danse du tango. Son fruité rappelle les prunes – mais des prunes plus acidulées et plus grosses que celles évoquées par le merlot ou le tempranillo (prunes de Damas, prunelles). Le penchant des Argentins pour le bœuf pourrait aussi expliquer pourquoi il est plus charpenté et plus dense, avec moins de rondeur et de sucrosité que la plupart des rouges chiliens. Le malbec français (aussi connu sous les noms de côt, pressac et auxerrois) s'illustre particulièrement à Cahors, où l'on en fait un vin intense, presque ferreux, avec un équilibre d'acidité exceptionnel et des tanins enveloppants. Il s'assemble aussi parfaitement avec d'autres cépages, jouant un rôle secondaire dans les vins du sud-ouest, notamment ceux de Bergerac, Buzet, Duras et Fronton.

Éclatant, enveloppant et rafraîchissant : les premières framboises de l'été et une gorgée de cabernet franc.

Cabernet franc

Si le monde du vin a une «éminence grise», c'est bien le cabernet franc. Tout parent du cabernet sauvignon mérite d'être appelé son éminence, comme les cardinaux. Faisant preuve d'ubiquité, le cabernet franc s'est habilement faufilé dans le monde des vins, en commençant par la France, où il se fait appeler notamment bouchet, bouchy ou breton. Son terroir d'origine est Bordeaux, où il tient un rôle très mineur aux côtés de sa fameuse progéniture sur la rive gauche et plutôt grand sur la rive droite. À Saint-Émilion, Pomerol et autres régions d'appellation voisines, il est cultivé préférablement au cabernet sauvignon. À Château Cheval Blanc, il occupe le devant de la scène; l'encépagement comprend 55 % de cabernet franc et 45 % de merlot. Toutefois, les charmes langoureux, duveteux et moelleux du Cheval Blanc sont franchement atypiques de la plupart des cabernets francs. Le caractère typique de ce cépage se retrouve dans les vins de la vallée de la Loire, comme le chinon, le saumur-champigny et le bourgueil : épicé, vif et frais, chargé de framboises éclatantes. À l'étranger, il a été cultivé surtout en tant que partenaire d'assemblage du cabernet sauvignon pour la production de vins de type bordeaux. Aujourd'hui, ses propres qualités font de lui un cépage donnant un vin rouge structuré, de saveur plus sobre, mais sans la dimension parfois titanesque que le cabernet peut atteindre dans les endroits chauds. Son grand défaut est une tendance à sentir et à goûter l'herbe lorsqu'il pousse dans un lieu trop frais ou qu'il est trop productif.

Nebbiolo

Les vins vieux issus du nebbiolo affichent une complexité aromatique unique et intrinsèque, roulant dans la bouche comme l'écho d'un coup de feu dans la vallée, parfumant l'haleine comme un cachou et liant le sang comme un hymne national.

Comme le pinot noir, le nebbiolo est un cépage difficile. Le vigneron a du mal à le faire chanter et les buveurs, à en dénicher une bonne bouteille parmi l'abondance de médiocres. Comme le pinot, son terroir de prédilection est une région de collines calcaires, aux quatre saisons bien marquées. Comme le pinot, il préfère rester chez lui. Comme le pinot, il inspire une passion irrationnelle chez ceux qui l'ont vu briller. Pourquoi s'intéresser à lui ? Pour un ensemble de caractères étranges, à vrai dire, la plupart étant encore une fois très proches de ceux du pinot : robe parfois pâle; senteurs séduisantes, presque parfumées, dont la combinaison de fruits, de minéraux et de fleurs est, au mieux, éthérée; grande acidité. Contrairement au pinot, le nebbiolo associe le tout à des tanins généreux, et c'est cette union de grande acidité et de grande tannicité qui rend les vins à base de nebbiolo redoutables si l'on n'y prend garde. Lorsqu'il a bien vieilli, le nebbiolo affiche une complexité aromatique unique et intrinsèque, roulant dans la bouche comme l'écho d'un coup de feu dans la vallée, parfumant l'haleine comme un cachou et liant le sang comme un hymne national. Planté sur des coteaux orientés au sud, parmi les collines chaotiques et souvent brumeuses du Piémont, il donne ses lettres de noblesse au barolo et au barbaresco; spanna et chiavennasca sont deux de ses synonymes. Ses autres zones de culture, plus petites, comprennent notamment Carema et Valtellina. Aucun nebbiolo planté hors de l'Italie ne ressemble même vaguement à celui du Piémont, bien que celui du Mexique soit agréablement musclé.

Gamay

Comme les vins blancs, le gamay est meilleur servi frais, de façon à mettre en valeur ses senteurs enivrantes et son caractère gouleyant.

Le gamay est un paradoxe. La plupart des cépages les plus populaires du monde fondent leur attrait sur quelques vins grandioses : des vins plus musclés, plus denses, plus profonds, plus riches, plus parfumés, plus puissants, plus intenses ou plus complexes que leurs pairs. Ces exigences n'inquiètent pas le grand gamay, car il se sait le plus délicieux, le plus hermaphrodite de tous les vins de ce monde. Hermaphrodite ? En quelque sorte. Sa grande acidité, ses tanins discrets et son harmonie vivifiante font de lui un vin rouge doté du corps, de la structure et de l'équilibre d'un vin blanc. Comme tous les vins blancs, il est meilleur servi frais, de façon à mettre en valeur ses senteurs enivrantes et son caractère gouleyant (ainsi que sa capacité à se marier à une grande variété d'aliments, y compris le poisson). Cet enfant du pinot donne sa meilleure performance sur les sols graniteux du Beaujolais septentrional. Néanmoins, à cause de la complexité du système d'appellation français, vous pourriez ne jamais lire les mentions Gamay ou Beaujolais sur son étiquette, mais plutôt Saint-Amour, Juliénas, Chénas, Moulin-à-Vent, Fleurie, Chiroubles, Morgon, Régnié, Brouilly ou Côte de Brouilly. On le cultive aussi dans d'autres régions françaises, sur les collines d'Auvergne, dans la Loire ou en Savoie, où il produit des vins rouges légers à consommer de préférence sur place. Cela vaut aussi pour le gamay suisse. Ne vous laissez pas rebuter par le paradoxe. Un vin délicieux peut aussi être grand. (Et un grand vin peut parfois oublier, hélas, d'être délicieux.)

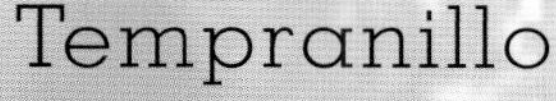

Tempranillo

Le tempranillo apporte les fraises, tandis que les fûts de chêne blanc américain fournissent la séduisante vanille.

Le plus grand cépage espagnol a beaucoup en commun avec le sangiovese italien. On le retrouve aussi sous une panoplie déconcertante de noms (tinto fino, tinta de toro, ull de llebre, cencibel – et de l'autre côté de la frontière, au Portugal, tinta roriz et aragónez). Si vous voulez goûter à un tempranillo fin, vous devez le chercher sur l'étiquette de d'autres vins régionaux d'Espagne : Rioja et Ribera del Duero sont les plus connus, mais Toro, Navara et Valdepeña sont tous des variantes intéressantes. Et, comme pour le sangiovese, il est difficile de mettre le doigt sur le caractère propre au tempranillo. La plupart des cépages rouges ont un fruit emblématique et la fraise serait celle du tempranillo; l'un des secrets de l'attrait durable du rioja réside dans sa capacité d'évoquer, dès la première inhalation, les fraises et la crème ou les fraises et la crème glacée. (La crème glacée est redevable au vanillé du chêne américain dans lequel la plupart des riojas ont vieilli.) Pourtant, ce caractère n'est pas évident dans les grands vins rouges denses à base de tempranillo, tels qu'ils sont produits par les viticulteurs les plus ambitieux de Rioja, Ribera del Duero et Toro. Ces vins somptueux, pleins, robustes et épicés dans leur jeunesse, à l'arôme de prune plutôt que de fraise, évoluent avec calme et assurance vers la suavité et l'opulence en vieillissant. Le tempranillo est accessible et agréable. On ne peut que l'aimer. Cependant, il serait faux de dire qu'il a un caractère aussi distinct que le cabernet sauvignon ou le pinot noir. Comme le sangiovese, il a été un voyageur peu enthousiaste jusqu'à maintenant, sauf au Portugal, où il entre dans la composition des grands portos et des vins de table du Douro.

La famille étendue

Certains membres clés de la famille des cépages de cuve.

Aglianico

Originaire du sud de l'Italie, cette variété de raisins à la peau foncée, de maturation tardive, donne des vins rouges de constitution riche et de structure ferme; elle est principalement cultivée dans les sols volcaniques des coteaux du Monte Vulture en Basalicate et à Taurasi en Campanie.

Albariño

Cépage blanc de la Galice pluvieuse, au nord de l'Espagne, et du Minho, le pays du vinho verde du Portugal, où il est appelé alvarinho.

Aligoté

Cépage de Bourgogne, nerveux et plus acide que sa variété sœur le chardonnay. On le mélange souvent à de la crème de cassis pour faire des kirs. Il est également largement cultivé en Europe de l'Est et dans les pays de l'ex-URSS.

Assyrtiko

Cépage blanc qui donne aux vins de Santorini leur fraîcheur pénétrante et leur minéralité intense; il est de plus en plus planté partout ailleurs en Grèce.

Barbera

Cépage rouge italien, intense, énergique et souvent acide, qui est à la base d'une immense variété de vins d'accompagnement des pâtes.

Carmenère

Vieux cépage bordelais largement cultivé au Chili (où on le confondait autrefois avec le merlot) et en Italie (où on le prenait pour du cabernet franc). Au mieux, ce cépage rouge est foncé, tendre et voluptueux, et au pire, herbeux.

Cinsaut

Cépage de cuve rouge, sucré, souple et parfumé, qui est utilisé traditionnellement dans les vins d'assemblage du sud de la France, de l'Afrique du Nord et du Liban. Il s'écrit parfois «cinsault».

Colombard

Cépage blanc qui donne un caractère discret aux vins de Californie, d'Australie et d'Afrique du Sud, et une fraîcheur herbeuse à ceux de Gascogne (France).

Dolcetto

Ce «petit doux» est principalement utilisé dans le Piémont pour faire des vins rouges pleins de vivacité, intensément colorés, mais moins acides que le barbera et moins redoutable dans la jeunesse que le nebbiolo.

Grüner veltliner

Cépage autrichien accommodant, donnant des vins secs, poivrés et dotés d'une certaine matière. Les GV ordinaires sont légers et rafraîchissants; les ambitieux, élevés en chêne, peuvent imiter les bourgognes blancs. Ils se marient bien à la cuisine chinoise.

Lambrusco

Cépage rouge du centre de l'Italie qui servait autrefois à la confection de vins rouges de couleur sombre, écumeux et sec. Aujourd'hui, on en fait des vins rouges ou blancs, généralement doux, légèrement mousseux et souvent peu alcoolisés.

Manseng

Les vins blancs secs ou doux, élaborés à partir de ce cépage pyrénéen à gros ou à petits grains, sont d'un fruité intense (en passant par toute une gamme de saveurs tropicales) et d'une acidité vive.

Marsanne

Cépage blanc, corpulent et aux parfums langoureux, utilisé dans la vallée du Rhône (où il est souvent assemblé avec la roussanne), en Australie et en Californie.

Montepulciano

Les Marches, les Abruzzes, le Molise et les Pouilles sont les terroirs de prédilection de ce cépage italien largement planté, dont on tire des vins généreux et intensément parfumés. (Malgré son nom, le vino nobile di montepulciano est élaboré à partir du sangiovese.)

Negroamaro

Cépage du sud de l'Italie qui donne certains des meilleurs vins des Pouilles, comme le salice salentino et le copertino : des rouges gorgés de saveurs, assez fermes, avec une finale douce.

Nero d'Avola

Le plus fin des cépages rouges indigènes de Sicile, donnant des rouges pleins de vivacité et de caractère. Il est aussi appelé calabrese.

Palomino

Cépage de base du xérès. Son vin blanc, très ordinaire, est transfiguré par la *flor* (voir en page 114), le mutage et l'oxydation, en un vin d'une incroyable grandeur.

Pedro Ximenez

Cépage sucré souvent cultivé dans la région de Montilla, en Andalousie. On en fait un xérès très foncé, ressemblant à du sirop de raisin, qu'il vaut mieux verser sur de la crème glacée que boire au verre.

Petite Sirah

Nom utilisé en Californie pour décrire plusieurs variétés, le plus souvent le durif, issu du croisement de la syrah et de l'obscur peloursin. La petite sirah donne des rouges foncés, fougueux, vigoureux et tanniques, sans le poli de la syrah.

Picpoul

Cépage blanc du Languedoc, frais et citronné, autrefois beaucoup utilisé dans la fabrication du vermouth.

Pinot Meunier

Le membre rouge de la famille du pinot, essentiellement utilisé comme cépage d'assemblage en Champagne. Son fruité de pomme fraîche aide à arrondir le pinot noir structuré et le chardonnay tendu.

Pinotage

Cépage sud-africain, issu du croisement de pinot noir et cinsaut, qui donne des rouges denses, fruités et exubérants, parfois altérés par des odeurs de caoutchouc et d'ester.

Primitivo

Voir Zinfandel.

Prosecco

Cépage blanc de caractère neutre, utilisé dans les mousseux de la région vénitienne.

Roussanne

Cépage blanc du Rhône (où il est souvent assemblé avec le marsanne) et de Savoie, servant à l'élaboration de vins d'une grande délicatesse aromatique, rehaussés de notes de tilleul ou d'aubépine. Il est également cultivé en Australie et en Californie.

Silvaner

Cépage blanc cultivé en Allemagne et en Alsace (où il s'écrit «sylvaner»), donnant des blancs secs, fermes et au goût de terroir. De belle consistance, ils s'accordent bien avec les mets.

Torrontés

Le muscat est l'un des parents de ce cépage blanc parfumé, largement cultivé en Argentine.

Touriga Nacional

Grand cépage rouge indigène du Portugal, donnant des rouges structurés dans le Douro et le Dão, et ajoutant une note de thé au porto.

Trebbiano

Cépage blanc largement cultivé en France (où il est appelé ugni blanc) pour l'élaboration des eaux-de-vie. Les cépages de la famille du trebbiano sont très répandus en Italie, où ils produisent des vins blancs faciles, croquants et neutres, d'origine très ancienne.

Vermentino

Cépage blanc méditerranéen (aussi appelé rolle) produisant des vins légers, à l'arôme de fenouil.

Xinomavro

Grand cépage noir tardif, cultivé dans le nord de la Grèce, notamment à Naoussa, donnant des vins rouges de longue garde, imposants et complexes.

Zinfandel

Cépage originaire de Croatie (où il est appelé crljenak kaštelanski), qui s'est surtout fait connaître par son succès en Californie et dans le sud de l'Italie (où il est appelé primitivo). Gras, richement fruité et capiteux, le grand zinfandel rouge californien peut conserver ses arômes de mûre et de raisin jusqu'à une décennie. Le primitivo italien est également fruité, mais un peu plus minéral et poudreux. Le zinfandel blanc, par contraste, est un rosé doux souvent parfumé avec du muscat ou du riesling.

7

ÉTAPE 7
LE MONDE NATUREL

Les cépages sont l'une des raisons pour lesquelles les vins ont tous des goûts différents. Dans cette étape, nous aborderons une deuxième raison : la nature. Le mot «terroir» en est une bonne expression. La syrah de Barossa Valley (Australie) contraste avec celle de la vallée du Rhône (France), car la géologie et le climat de ces deux régions sont extrêmement dissemblables. Autrement dit, c'est par le vin que les humains goûtent à la géographie.

Les saveurs des vignes, des raisins et des vins dépendent surtout de deux ingrédients : la lumière du soleil et l'eau.

CI-DESSUS Ces séduisants cailloux font penser au Bordelais, mais il s'agit plutôt de Hawkes Bay, en Nouvelle-Zélande.

CI-CONTRE Comme les vers de terre, les racines des vignes contribuent à la création du sol qui les nourrira. Ce mélange prometteur se trouve dans la vallée de Maipo, au Chili.

Terre : mère et père

Les feuilles et les fruits sont visibles. Mais quelles sombres aventures les racines vivent-elles ?

La vie d'une vigne est très différente de la vôtre ou de la mienne. Nous bougeons constamment; la vigne reste tranquille. Elle est enterrée jusqu'au cou dans la terre, dans sa prison de pierre. De sa naissance à sa mort, elle passe sa vie en confinement.

D'après la leçon tirée des plus grandes régions viticoles d'Europe, les circonstances précises de cette incarcération dans la pierre sont d'une grande importance. Dans le Bordelais, les vignobles d'un grand domaine comme Château Latour se trouvent à côté des vignobles de domaines plus modestes comme Château Bellegrave ou Château Fonbadet. En Bourgogne, le vignoble grand cru de Charmes-Chambertin est situé près des vignobles produisant de simples vins de village. Dans chaque cas, le climat et les cépages sont identiques, et les méthodes de vinification sont semblables. Il y a deux différences majeures, soit la déclivité : pente un peu plus prononcée ici, un peu moins là; et la morphologie souterraine : lentilles de sable et d'argile sous le gravier à Latour, couches de calcaire, de marne et d'argile superposées selon un ordre précis à Charmes-Chambertin.

Les saveurs des vignes, des raisins et des vins dépendent surtout de deux ingrédients : la lumière du soleil et l'eau. La lumière du soleil vient du dessus et l'eau, du dessous. Pour les vignes enfermées dans leur prison minérale, le drainage importe plus que tout. Elles détestent avoir les racines détrempées. Un terroir parfait se définirait par un sol où tout excès d'eau pourrait s'évacuer rapidement et où la vigne pourrait toujours trouver un peu d'humidité, même au terme d'un été sec. Le vignoble de Château Latour semble répondre à ces critères. C'est pourquoi il est capable de produire des vignes sculpturales quand le temps est trop chaud et trop sec pour celles des autres vignobles bordelais, et que ses vignes semblent se porter un peu mieux que ses pairs lors d'une année pluvieuse. Pour une vigne, les caractéristiques physiques d'un sol importent plus que les caractéristiques chimiques.

Les sols de grands vignobles sont aussi rares que les filons d'or. Et la prospection se poursuit.

CI-DESSUS (2) La biographie d'un sol se lit dans la séquence de ses strates. Les racines d'une vigne traversent ces couches à la recherche d'humidité et de nutriments minéraux. Ceux qu'elles trouveront aideront la vigne à créer son profil de saveurs.

CI-CONTRE Tout le monde se dépêche ! Il faut rentrer le raisin avant que l'eau de ces nuages sur Chablis ait une chance de diluer le vin.

Bien entendu, les vignes ne vivent pas que d'air et d'eau fraîche. Elles ont besoin de substances nutritives, comme l'azote, le phosphore et le potassium ainsi que d'éléments traces : les ions minéraux dissous. Les racines partent à leur recherche, interagissant en chemin avec les microbes et les bactéries du sol. Ce que les racines des vignes font exactement pendant leur fouille en profondeur n'est pas encore tout à fait compris. On ne peut prouver que les racines des vieilles vignes, qui serpentent à 15 ou 20 mètres sous terre à travers des roches de composition chimique spécifique, fracturées, fissurées ou friables, laissent une trace de saveur ou d'arôme dans le vin. Toutefois, l'expérience de générations de dégustateurs et de consommateurs de vin semble appuyer cette hypothèse.

Que sait-on avec certitude ? En matière de nutrition, mieux vaut moins que plus. Les vignes bien nourries deviennent inutilement feuillues ou produisent une quantité excessive de raisins insipides. Voilà pourquoi la plupart des terres végétales, riches et profondes, favorables à la majorité des cultures maraîchères, font généralement de piètres vignobles. Les vignes plantées en sol pierreux ont tendance à être plus minces et à donner de meilleurs raisins.

On comprend aussi que le sol doit être en bonne santé. En particulier, un excès de fertilisants, pesticides et herbicides chimiques a un effet destructeur et stérilisant sur le sol. L'utilisation de machinerie lourde a aussi un impact négatif en compactant ce sol. Un sol de vignoble sain travaille avec les saisons, ce qui encourage les racines à y pénétrer en profondeur, et abrite une vie microbienne et bactérienne active.

Il n'y a cependant aucune formule géologique pour faire de grands raisins. Le raisin n'est pas une huile. Un raisin exceptionnel doit ses qualités à une incroyable variété de types de terre et de roches d'âges géologiques différents. Les cépages qui entrent dans la fabrication des champagnes, des cognacs et des xérès, par exemple, sont en grande partie plantés dans les sols crayeux. Le calcaire est une caractéristique des sols de Bourgogne, de Saint-Émilion, de Chianti et de Coonawarra (Australie). Le granite domine les sols du Beaujolais et du Rhône septentrional, ainsi que de nombreux vignobles sud-américains. La vallée du Douro, où on produit du porto, est une étendue schisteuse. L'ardoise s'insinue dans les sols de certains des meilleurs vignobles allemands. De grands vignobles occupent les sols sableux de la vallée du Rhône méridionale et de celle de MacLaren (Australie). Sur l'île grecque de Santorini, les sols de cendres et de ponces volcaniques favorisent la production de cépages sensationnels. Des millions de galets d'origines diverses, roulés par les rivières depuis les Pyrénées et le Massif central, composent les sols des vignobles de la région du Médoc bordelais. Dans ce cas-ci, la chimie de la roche compte moins que sa présence physique, sous la forme d'épais bancs de gravier. Pourtant, plus on étudie le gravier, plus on se rend compte que la différence entre un vignoble et un autre se situe au niveau des dépôts non caillouteux. Les sols de Châteauneuf-du-Pape sont assez semblables.

Tous ces différents sols ont cependant plusieurs caractéristiques communes. Ils ne sont ni trop fertiles ni totalement dépourvus de substances nutritives; le drainage de leur couche supérieure et la rétention d'eau de leur couche inférieure sont satisfaisants; et ils ont une friabilité adéquate pour permettre aux racines de s'y enfoncer profondément.

Il n'est pas difficile de trouver un bon sol pour la vigne, surtout si on le dote d'un système d'irrigation pour pallier un manque de pluie éventuel. La terre est une mère généreuse et la vigne, une enfant peu exigeante. Mais les sols de grands vignobles sont aussi rares que les filons d'or. Et la prospection se poursuit.

Ciel : une vie vécue

Dans la vie d'une vigne, l'aventure vient du ciel. Sa biographie est une longue saga météorologique.

Les vignes, on le sait, sont emprisonnées de leur naissance à leur mort. Elles ne peuvent pas bouger. Elles ne ratent jamais une aurore; elles ne sommeillent jamais jusqu'au crépuscule. Même dans le plus doux des climats, cette routine les rend résistantes par la force des choses. Longues heures sombres et froides d'hiver; pluies battantes au tournant des saisons; expositions quotidiennes au soleil éblouissant et à la chaleur d'un été interminable. Les vignes peuvent résister aux pires humeurs du temps, alors que les mammifères doivent impérativement se mettre à l'abri. Mais les grenadiers, et les pruniers, et les pommiers le font aussi. La vigne n'est sûrement pas différente des autres membres du monde des fruits.

Et pourtant, si. Elle est très différente. C'est pourquoi le concept de «millésime» est suprêmement important dans l'univers des vignes, mais presque sans objet (mis à part le volume des récoltes) dans celui des autres fruits. La vigne a la capacité troublante d'enregistrer presque tout ce qu'elle subit durant une saison. Une fois que son jus est passé par la fermentation, vous et moi pouvons goûter ces différences subtiles dans le schéma météorologique. Pourquoi le bourgogne de 2005 goûte-t-il meilleur que celui de 2004 ? Parce que le temps était plus ensoleillé et sec. C'est également la raison pour laquelle un Latour 2003 coûte deux fois plus cher qu'un 2002. C'est pourquoi une bouteille de barolo de 1978 devrait être ouverte avec un plaisir anticipé, tandis qu'une bouteille de barolo de 1977 devrait l'être avec une grande nervosité. Un millésime représente la somme de toutes les conditions atmosphériques subies par la vigne dans une année spécifique. Les grands millésimes sont riches,

articulés, profonds; les médiocres sont âpres et durs. Les grands millésimes vivent longtemps; les médiocres meurent vite.

Ce n'est pas tout. Dans les quelques pages précédentes, nous avons appris que les différences fondamentales entre les vins sont attribuables à l'interaction des conditions naturelles (sol, pente, ciel). À l'intérieur des régions viticoles bien établies (comme le Bordelais et la Bourgogne), c'est généralement le sol qui distingue les sites des grands vins de ceux des vins plus modestes. Mais dans les régions viticoles plus récentes, ou quand on compare deux régions très distantes l'une de l'autre, le climat importe plus que le sol. C'est le climat qui explique la différence marquée entre le goût d'un syrah de la vallée du Rhône et un shiraz de Barossa Valley. Le terroir est une équation compliquée... et le climat est la partie la plus importante de cette équation.

Le climat (le schéma à long terme) et le temps (ce schéma jour par jour) laissent leurs empreintes sur les vins aussi subtilement que des nuages dans un tableau marin. La plupart des cépages ont des exigences de température fondamentales. Certains ont besoin de moins de soleil et de chaleur pour arriver à pleine maturité (comme le pinot noir parmi les rouges et le sauvignon parmi les blancs); d'autres en nécessitent davantage (mouvèdre et muscat). Un peu de vent est bénéfique; beaucoup est toujours destructeur. Les hivers humides et de petites quantités de pluie durant la saison de croissance sont souvent bienvenus; la pluie à l'époque des vendanges est toujours malvenue. Les gelées printanières et les averses de grêle estivales sont des menaces perpétuelles. Cela dit, de nombreux cépages sont étonnamment adaptables. Certaines régions viticoles ont un climat maritime, caractérisé par des hivers doux et des étés chauds, avec des variations minimes de température entre le jour et la nuit; d'autres ont un climat continental, avec des hivers froids et des étés très chauds, et parfois une grande variation jour/nuit. On s'attendrait à ce qu'un seul des deux climats convienne à un certain cépage. Pourtant, le cabernet sauvignon et le merlot, par exemple, prospèrent autant dans le Bordelais que dans l'État de Washington, bien que les vins produits dans chaque région soient très différents. La syrah/shiraz performe généralement mieux en climat continental. Cependant, de magnifiques vins de syrah sont produits à deux pas de la Méditerranée, à La Clape dans le Languedoc, et près du golfe de Saint-Vincent, à McLaren Vale.

Il est généralement vrai de dire qu'un cépage particulier donne de meilleurs résultats quand il atteint sa maturité en prenant son temps plutôt qu'en se dépêchant, et que les meilleurs millésimes dans ces conditions marginales ou semi-marginales sont habituellement les années les plus chaudes. Selon moi (et contrairement à d'autres avis), les plus grands vins tranquilles viendront généralement des baies dont le jus ne nécessite aucune addition ou soustraction à la vinerie; en d'autres termes, des baies que la nature a gratifiées d'un équilibre idéal de sucre et d'acidité. Le vinificateur bourguignon Sylvain Pitiot, de Clos de Tart, attribue au terroir et à la nature tout le mérite du succès de son millésime 2005. Un été d'une incroyable beauté; un vin exceptionnel. Ironiquement, les plus gros efforts sont généralement investis dans les pires millésimes, alors que parfois des vins délicieux naissent des terroirs les moins appropriés.

Le climat et le temps laissent leurs empreintes sur les vins aussi subtilement que des nuages dans un tableau marin.

CI-CONTRE Une soirée instable de fin de printemps à Corbières. Un peu de pluie aiderait ces vignes à supporter les journées torrides à venir.

DOSSIER D'INFORMATION : Le monde naturel

Nourriture de la vigne Lumière, eau et éléments traces. Plus de 80 % de la matière des plantes provient du CO^2 par photosynthèse.

Conditions idéales du sol Une terre végétale saine qui se draine librement, suffisamment riche du point de vue biologique et microbien, mais pauvre en substances nutritives, reposant sur un sous-sol retenant l'humidité. Une grande variété de types de sols convient à la culture des vignes; un pH neutre ou élevé est généralement préférable à un pH très bas.

Conditions climatiques idéales Variables selon le cépage, mais suffisamment chaudes pour permettre la maturation des baies au terme d'une saison moyenne. La verdeur ou la surmaturation ne sont pas désirables; une maturation précoce donne rarement des arômes ou saveurs complexes.

Pires tours de la nature Gelées printanières, grands vents ou fortes pluies en période de floraison, averses de grêle ou fortes pluies en été, pluie pendant la période des vendanges.

8

ÉTAPE 8
LE RÔLE HUMAIN

Laissé à lui-même, tout vin finirait en vinaigre. Par conséquent, le rôle humain dans la production du vin est vital. Ce rôle est essentiel pour les vins bon marché, car leurs arômes et saveurs sont principalement créés par la vinification et les stratégies d'assemblage. Dans les vins fins, le vinificateur travaille en association avec la nature, pour faire ressortir l'unicité potentielle d'un terroir le plus éloquemment possible.

Le choix de la date de vendange est la décision la plus importante. Plus on attend, plus les risques sont grands.

CI-DESSUS Une belle grappe... mais le rendement est peut-être trop élevé pour produire un vin concentré.

CI-CONTRE Aucune machine ne reproduit le soin et la douceur d'une vendange manuelle. Les raisins les plus fins du monde sont toujours cueillis à la main.

Jardinage : le vignoble

Pour faire un grand vin, il faut des grands raisins; tout vinificateur sérieux vous le dira.

Voici les quatre pages les plus importantes de ce livre. Dans la cave de vinification, on prend soin du vin; on le surveille, le façonne, le perfectionne. Au vignoble, on travaille étroitement avec la nature. Le vignoble (vigne, terre, ciel) constitue le génome de chaque vin. En y travaillant et en l'étudiant, idéalement toute une vie, les viticulteurs peuvent arriver à le comprendre et à maximiser son potentiel. C'est dans les murs de pierre du vignoble, plutôt que dans les cuves d'acier inoxydable de la vinerie, que vous trouverez la petite porte qui s'ouvre sur un grand vin.

À l'évidence, tous les vignobles ne sont pas nés égaux, comme tous les enfants nés dans les vingt prochaines minutes n'ont pas le potentiel d'enseigner plus tard les mathématiques à Cambridge. Ce que l'on tire d'un vignoble dépend de son potentiel. Il serait vain de traiter les vignobles de Riverland (Australie) ou de Central Valley (Californie) de la même façon que les meilleurs vignobles de Bourgogne, puisqu'ils sont incapables de fournir la qualité que peut offrir un vin de Bonnes Mares ou de Montrachet. Par contraste, la viticulture à la va-vite dans un grand vignoble est un acte moralement criminel. Elle prive une parcelle de terre rare de la possibilité de s'exprimer avec l'éloquence dont elle est capable.

Une fois qu'un vignoble est implanté, il y a deux mesures fondamentales que chaque viticulteur respecte chaque année. Après la vendange, les vignes doivent être taillées et ses pousses annuelles, coupées et jetées. La vigne, rappelons-le, était conçue pour grimper aux arbres. Non taillée, elle remplira vite un champ avec un enchevêtrement chaotique de sarments et de vrilles.

À la fin de l'hiver, la vigne se remettra à pousser. Elle fleurira timidement au début de l'été. Elle n'aura besoin ni de l'aide des humains ni de celle des insectes pour polliniser ses fleurs; une brise légère suffira. Les baies naîtront et, plus tard, grandiront et mûriront de leur plein gré.

Elle a cependant besoin des humains pour récolter ses raisins. De nos jours, la taille et la vendange peuvent être faites mécaniquement. Peu de vignobles, sinon aucun, ne recevront d'autre visite que celle d'une machine deux fois par an (le minimum théorique).

La plupart des vignes sont maintenant palissées à un treillage. Il s'est avéré que la façon exacte dont les parties de la vigne (tronc, sarments et branches) sont positionnées contre le treillage revêt une grande importance. Les vignes peuvent toutefois se passer de palissage si elles sont taillées adéquatement. En plein hiver, elles ressemblent à des griffes surgissant de terre et en été, à de petits buissons. Le contrôle de la taille de la vigne est une mesure clé que tout viticulteur doit prendre. En effet, moins il y a de grappes, plus la saveur sera concentrée – mais moins vous aurez de raisins à vendre. Plus de grappes signifie plus de vin, mais aussi plus de dilution.

L'irrigation est vitale pour certains vignobles. Elle est généralement interdite en Europe pour réduire la surproduction; en outre, la pluviosité y est actuellement adéquate pour les besoins de la vigne. Par contre, elle est essentielle pour la plupart des vignobles de l'hémisphère Sud. La fertilisation et l'irrigation ne sont requises qu'à petite dose. En ce qui a trait à ses besoins en nourriture et en eau, la vigne est plus chameau que cochon.

Voilà pour ce qui est de l'essentiel. Passons maintenant au meilleur. J'ai appelé cette section «Jardinage» pour la simple raison que ceux qui cultivent les meilleurs raisins du monde ressemblent plus à des jardiniers qu'à des fermiers. Ils travaillent physiquement le sol l'hiver, le fertilisent parcimonieusement avec des composts naturels et évitent toute machinerie lourde. Leur but est de maximiser la vie microbienne dans le sol et de garder sa structure physique légère et aérée, afin que les racines puissent y pénétrer profondément. L'herbe ou des plantes d'accompagnement, qu'ils plantent généralement entre les rangées, serviront de fertilisant écologique. Lorsqu'il faut désherber, ils recourent à des moyens physiques plutôt que chimiques.

Le rendement des vignes est maintenu bas, par une bonne taille hivernale et parfois en enlevant des grappes au cours de l'été. Les vignes sont plantées aussi densément que possible, pour assurer une pousse des racines en profondeur et un bas rendement individuel. En même temps, la voûte de feuilles est taillée et palissée. De cette façon, les grappes reçoivent une quantité parfaite de lumière, et une bonne circulation d'air prévient la pourriture. Toute vigne qui évolue en feuillage gaspille son énergie.

Le choix de la date de vendange est la décision la plus importante. Plus on attend, plus les risques sont grands. C'est pourquoi, dans le passé, beaucoup de vins étaient élaborés à partir de raisins cueillis prématurément. De nos jours, on pense que vendanger à pleine maturité en vaut le risque. Les baies vertes parfument les bocaux; les baies mûres ravissent les papilles.

La plus récente innovation se situe à l'étape des vendanges. Les grappes fastidieusement cueillies à la main sont désormais déposées dans des cagettes, qui sont directement acheminées à la cave. Plus de paniers, ni de hottes, ni de bennes. Moins de transvasements, donc moins d'écrasement prématuré des fruits. Par la suite, les grains sont triés sur les tables vibrantes, puis à la main. Ainsi, seules les baies parfaites tombent par gravité dans les cuves de fermentation. Cette sélection minutieuse a apporté une nouvelle densité et de la somptuosité aux plus grands vins du monde.

Tout ce qui précède suppose, évidemment, un été favorable à la vigne. Hélas, il y en a peu. Comme les médecins, les viticulteurs voient leurs efforts aller dans la minimalisation des effets des désastres, plutôt que dans la maximalisation de la santé de ceux dont ils prennent soin. Le pire scénario serait une gelée printanière, suivie d'une averse de grêle vicieuse vers la fin de l'époque de maturation, puis d'une pluie abondante durant les vendanges. Dans un tel cauchemar, la charge de travail pourrait être doublée pour, au mieux, obtenir une récolte réduite de baies dont la qualité sera inévitablement compromise. Le sort d'un viticulteur n'est pas toujours heureux.

CI-CONTRE, EN HAUT À GAUCHE C'est vrai, les filets sont coûteux, mais perdre les baies au profit des oiseaux le serait bien davantage.

CI-CONTRE, EN HAUT AU CENTRE Ce téléphone cellulaire serait différent aujourd'hui; en revanche, les sécateurs ont été perfectionnés depuis longtemps.

CI-CONTRE, EN HAUT À DROITE À Château Montelena (Napa Valley), ces appareils de chauffage en plein air attendent les gelées printanières de pied ferme.

CI-CONTRE, EN BAS Ces vignes de cabernet ont désespérément besoin d'une boisson automnale, mais ces petites baies bien portantes sont un heureux présage pour le vin à venir.

Cuisine : la vinerie

Le vin tient-il de la magie ? Oui, celle de dame Nature. Le travail du vinificateur, comme celui d'une sage-femme, est de comprendre et de superviser le déroulement du processus naturel de gestation, et d'intervenir en temps et lieu pour assurer le meilleur résultat à la fois pour la mère (l'entreprise humaine) et l'enfant (le vin).

Si la nature n'a pas livré les matières premières requises, des ajustements sont possibles.

À l'instar d'une composition d'un poème, du mélange d'un parfum ou de l'éducation d'un enfant, la vinification est une action simple entravée de nombreuses complications. Commençons par le côté simple. La seule connaissance préalable requise est la compréhension de la fermentation alcoolique, c'est-à-dire la transformation des sucres par des microorganismes appelés levures en quantités égales d'alcool et de dioxyde de carbone.

Le vin blanc est généralement élaboré à partir de raisins blancs ou, plus précisément, de raisins verts. Les baies sont pressées pour en extraire le moût (jus), qui est ensuite débourbé. Le moût clarifié fermente, grâce aux levures naturellement présentes dans les peaux de raisin et l'air. Après la fermentation, le dépôt de levures est séparé du vin qui s'écoule dans un récipient propre. Le vin soutiré ne contenant plus de sucres, la fermentation s'arrête.

Le vin rouge nécessite toujours des raisins rouges ou noirs. À part quelques rares exceptions, la couleur du vin provient des peaux et non du jus transparent. Par conséquent, les raisins fermentent et macèrent avec leurs peaux. Cette étape dure typiquement de deux à trois semaines. Lorsque la fermentation et l'extraction de couleur et de tanin sont terminées, on procède à l'écoulage; le vin est séparé des peaux (qui sont ensuite pressées) et s'écoule dans un récipient propre.

Le vin rosé est généralement créé en faisant macérer des peaux de raisin rouge avec le moût d'une nuit à deux jours, bien qu'il puisse aussi résulter d'un mélange de vin rouge et de vin blanc.

Le vin mousseux (effervescent) s'amorce de la même façon que le vin blanc. Après la fermentation, du sucre et de la levure sont ajoutés, puis le vin est embouteillé hermétiquement. Une seconde fermentation survient; cette fois, le dioxyde de carbone ne peut s'échapper. Le vin devient lourd de gaz. L'extrait est rapidement enlevé et la bouteille est scellée de nouveau, sans permettre au CO^2 de s'échapper. Au débouchage, le vin pétille et la fête commence.

Que sont les vins de liqueur, tel que le pineau des Charentes, les vins mutés, tel que le porto, ou les vins fortifiés, comme le xérès ? L'ajout d'une eau-de-vie ou d'un alcool neutre à un moût frais (vin de liqueur), partiellement fermenté (vin muté) ou fermenté (vin fortifié) empêche ou arrête la fermentation, puisque les levures ne peuvent survivre lorsque le taux d'alcool atteint environ 17 % par volume. La sucrosité naturelle des baies sera donc préservée dans les moûts frais ou partiellement fermentés.

Ces principes de base en vinification sont l'équivalent des étapes culinaires d'une omelette, d'un pain ou d'un rôti. Voici un petit guide des complications.

CI-DESSUS La salle d'attente. Après la métamorphose, il faudra patienter des années pour rendre un verdict sur la qualité.

CI-CONTRE, EN HAUT À GAUCHE La vinification produit un gaz à effet de serre : voilà le CO^2.

CI-CONTRE, EN HAUT AU CENTRE La dernière étape de la fabrication d'un fût consiste à brûler l'intérieur des douves, ce qui apporte une autre note de saveur.

CI-CONTRE, EN HAUT À DROITE Travail (presque) accompli. Chaque fût contient un peu moins de 300 bouteilles de vin.

CI-CONTRE, EN BAS Selon certains vinificateurs, les anciens pressoirs sont toujours le meilleur moyen d'extraire le jus jusqu'à la dernière goutte.

Si la nature n'a pas livré les matières premières requises, des ajustements sont possibles. L'ajout de sucre élèvera le degré alcoolique final (souvent requis en régions fraîches); l'ajout d'acide donnera au vin plus de fraîcheur (souvent requis en régions plus chaudes). On peut aussi ajouter des enzymes, des tanins et des composés chimiques (dont le soufre est le plus fréquent et nécessaire). On peut enlever de l'alcool et même de l'eau.

Le plus souvent, la fermentation a lieu dans des récipients en acier inoxydable ou en béton, dans des petits fûts de chêne neufs ou dans des grandes cuves plus anciennes, chacun donnant un résultat différent. Par exemple, de nombreux vins blancs ambitieux fermentent dans des fûts de chêne; et la plupart des vins rouges vieillissent, après leur fermentation, dans des fûts semblables. L'âge du bois est important (le bois neuf transmet plus d'arômes et de saveurs), de même que son origine, particulièrement s'il s'agit du chêne pédonculé (Quercus robur), généralement d'origine française, et du chêne blanc (Quercus alba), généralement d'origine américaine. Le chêne blanc donne des arômes et saveurs typiques de vanille et même de noix de coco; il ajoute parfois une senteur de menthe à la syrah. Le chêne pédonculé français ou européen confère des senteurs et saveurs vanillées plus discrètes; il peut évoquer le pain grillé, le café ou le cèdre.

La force (ou la douceur) appliquée lors des opérations de vinification, ainsi que la température utilisée, ont une incidence majeure sur la saveur. Beaucoup de vins rouges bénéficient d'une macération à froid avant la fermentation, pour intensifier leurs saveurs fruitées. Les vins blancs peuvent profiter d'une macération pelliculaire pour améliorer leur parfum. Les grands vins effervescents nécessitent un pressurage doux et lent, et une fermentation à basse température. Les vins rouges foncés, denses et tanniques demandent une extraction vigoureuse à chaud et une macération prolongée. Les peaux flottant dans les cuves de fermentation des vins rouges forment un chapeau sec et solide sur la surface du liquide. Ce chapeau doit être humidifié et émietté par le moût en fermentation; la méthode utilisée influe sur le style du vin. Pour les bourgognes rouges, il est enfoncé doucement dans le moût; les portos millésimés exigent une approche plus énergique. Tous les vins rouges et certains vins blancs subissent une fermentation malolactique (FML), qui consiste à transformer l'acide malique (au goût âcre de pomme) en acide lactique (au goût de lait). La décision de faire passer ou non un vin blanc par cette étape et le choix de la méthode et du récipient pour un vin rouge sont deux autres facteurs contribuant à la subtilité des saveurs.

Tous les vins nécessitent d'être aérés périodiquement avec un peu d'oxygène avant la mise en bouteille. Le moyen classique, le soutirage, consiste à transvaser le vin d'une cuve à une autre. La méthode plus récente, la micro-oxygénation, permet de délivrer de faibles doses d'oxygène en continu dans le vin. La conservation sur lies (le dépôt laissé après la fermentation) ajoute du corps, du volume et de la brillance au vin. Les lies sont parfois remuées pour augmenter cet effet. Les vins peuvent aussi être clarifiés et filtrés avant l'embouteillage.

Beaucoup de possibilités. Pourvu que le bébé soit beau.

CI-DESSUS Ces grands réservoirs en acier se videront par gravité; autrefois, tout devait être fait à la main.

CI-CONTRE Extrêmement neutre et propre, l'acier permet aux saveurs fruitées de s'exprimer librement; les vins ont toutefois besoin d'air pour les garder fraîches.

Le plus souvent, la fermentation a lieu dans des récipients en acier inoxydable ou en béton, dans des petits fûts de chêne neufs ou dans des grandes cuves plus anciennes, chacun donnant un résultat différent.

DOSSIER D'INFORMATION : Le rôle humain

Décisions majeures
Forme de la vigne (taille); maturité (date de vendange); manutention après vendange.

Vinification du vin blanc
Vitesse de pressurage; type et température du récipient de fermentation; contact avec les lies; FML; moment et circonstances de l'embouteillage.

Vinification du vin rouge
Macération à froid; méthode d'extraction et de macération, et température; type de récipient de fermentation et d'élevage; type d'oxygénation et utilisation des lies; moment et circonstances de l'embouteillage.

CHABLIS
MILLÉSIME
2006
SIMONNET-FEBVRE
A CHABLIS

LE VOYAGE

En cette ère des changements climatiques, nous empoisonnons l'air pour assouvir notre désir de voyager. Le vin, comme nous l'avons découvert, nous donne la chance de sentir et de goûter à d'autres endroits sur terre, sans causer de dommages à la planète. Dans la dernière partie du livre, nous allons mettre en pratique la connaissance théorique que nous avons acquise. Nous allons voyager par le goût. Nul besoin de passeport, d'inoculations, de guide de conversation ou de crédits de CO^2. Humons le maquis du Languedoc; savourons la cascade de lumière qui baigne les paysages panoramiques de la Nouvelle-Zélande; et digérons la solitude minérale des bancs de gravier du Médoc, sans quitter notre cuisine. La curiosité sensuelle et un esprit ouvert suffisent.

9

ÉTAPE 9
LECTURE
DE LA CARTE

Comme pour tous les voyages, un peu d'équipement est utile. Cet équipement nous aidera à découvrir le grand éventail de senteurs et de saveurs offert par le monde du vin. Les producteurs de vin fournissent certaines informations sur les étiquettes de leurs bouteilles, telles que les noms et les dates. Les cartes des vignobles rendent les fragments cohérents.

Les cartes sont importantes, car elles expliquent la logique compliquée de certaines régions viticoles européennes.

CI-DESSUS La vallée du Duro fait l'objet d'une carte spectaculaire. Voyez pourquoi en page 157.

Cartes des vignobles

Les grandes bouteilles viennent en premier, bien sûr, mais les cartes suivent immédiatement. Avec sa cartographie détaillée, *The World Atlas of Wine*, de Hugh Johnson et Jancis Robinson, est le livre de référence le plus utile que tout amateur de vin puisse posséder. Pourquoi les cartes importent-elles tant ?

Premièrement, les cartes aident à organiser nos vies. Où se trouve la Champagne par rapport à Paris ? San Francisco est-elle une ville plus viticole que Los Angeles ? Sydney est-elle le meilleur endroit où séjourner si on veut visiter Barossa Valley ? Un coup d'œil sur une carte vous guidera. (En passant, les réponses aux trois questions sont : à l'est, oui et non.)

Deuxièmement, les cartes expliquent la logique compliquée de certaines régions viticoles européennes. La Bourgogne est un exemple classique. Il peut paraître étonnant que les vignobles au-dessus du petit village de Vosne-Romanée produisent les bouteilles de vin les plus chères du monde, alors que celles des vignobles à quelques centaines de mètres au sud du village sont vendues comme de simples bourgognes à un dixième du prix. En suivant les lignes de relief sur une carte, vous commencerez à comprendre le casse-tête.

Avec un peu d'expérience, vous serez bientôt en mesure d'utiliser les cartes pour expliquer ce que vous goûtez. Par exemple, pourquoi le gigondas semble-t-il plus vif, serré et tendu que le souple et charnu châteauneuf-du-pape, juste à quelques kilomètres plus loin ? La carte vous montrera qu'en raison de la position d'une chaîne montagneuse appelée les Dentelles de Montmirail, la grande partie du vignoble de Gigondas fait face au nord, échappant aux plus intenses rayons du soleil. En revanche, le vignoble de Châteauneuf se trouve sur un plateau onduleux, caillouteux, éloigné des hautes collines, où la force solaire est absolue. Pourquoi les arômes moelleux de fraise et de vanille du tempranillo de la Rioja se transforment-ils en cerise fraîche et chocolat dans la Ribera del Duero voisine ? Regardez les lignes de relief. La grande partie de la Rioja s'étend à 450 mètres au-dessus du niveau de la mer. Le vignoble de la Ribera del Duero est situé deux fois plus haut; par conséquent, les nuits y sont plus fraîches, préservant l'acidité et resserrant le caractère fruité des baies.

Étiquettes

Les étiquettes sont les meilleures amies du consommateur de vin, bien qu'elles puissent parfois avoir l'air d'ennemies.

Il y a deux types d'étiquettes. L'étiquette de corps contient toutes les informations officielles qu'un producteur de vin est légalement tenu de fournir. La contre-étiquette, optionnelle, peut apporter presque tout autre indication. Parfois, les producteurs malicieux renversent les rôles, de sorte que l'information officielle apparaît au dos de la bouteille et une forme plus simple et plus graphique, sur le devant. La loi se mord les lèvres. Le plus souvent, malheureusement, les contre-étiquettes sont tout simplement absentes.

La teneur alcoolique (de 8,5 à 16 % vol pour la plupart des vins non mutés et typiquement de 13,5 %) et le nom du producteur sont deux indications utiles figurant sur l'étiquette de corps. Les millésimes et le nom de la région d'origine le sont également. La mention du ou des cépages, lorsqu'elle est fournie, est toujours appréciée. Sur beaucoup d'étiquettes de vins européens, le nom d'un vignoble d'une obscure région viticole apparaît, alors que la mention du ou des cépages fait défaut. Qu'attend-on d'un coteau-du-vendômois, d'un squinzano ou d'un ribera del guadiana ? La plupart d'entre nous ne sauraient le dire. En outre, tous les buveurs ne savent pas qu'un chablis est toujours 100 % chardonnay ou qu'un sancerre est 100 % sauvignon blanc. Si on ignore ces caractéristiques de base pour les vins connus, quelles sont nos chances avec les vins plus rares ?

Voilà pourquoi les contre-étiquettes sont si importantes. En plus de fournir des informations utiles au consommateur, non exigées par les règlements officiels, telles que les cépages et le type d'élevage, elles peuvent aussi relater l'histoire d'un vin. Aucun producteur de vin ne devrait priver ses produits d'une contre-étiquette.

CI-DESSUS, À GAUCHE ET AU CENTRE Les étiquettes de vins de l'hémisphère Sud l'emportent sur celles du Nord du point de vue de la simplicité, sinon de l'élégance.

CI-DESSUS, À DROITE Certaines étiquettes de corps réunissent les informations officielles et non officielles.

CI-CONTRE Les caractères, couleurs et illustrations sont indicatifs d'une culture spécifique; à l'évidence, nous sommes ici en Californie.

Les contre-étiquettes sont importantes. Elles peuvent fournir des informations utiles, non exigées par les règlements officiels, et raconter aussi l'histoire d'un vin.

Noms

Je vous le dis franchement : les noms sont des obstacles sur le chemin de la connaissance des vins.

Il y a des centaines de milliers de noms : marques de commerce, cépages, régions, appellations françaises et leurs équivalents étrangers, vignobles et producteurs, techniques de vendange, assemblages particuliers, hiérarchies de qualité locales ou stratagèmes de vinification, le tout en une douzaine de langues, sinon davantage. Chose certaine, personne ne les connaît tous; la plupart de nous, y compris les «experts», avançons à petit trot, avec pour tout bagage une connaissance partielle. J'ai cessé de m'en faire à ce sujet. Je vous suggère d'ailleurs d'en faire autant, surtout à l'âge d'Internet et de ses précieux moteurs de recherche.

Il est utile, toutefois, de faire la distinction entre les différentes catégories de noms. Chaque fois que vous voyez les symboles ™ ou ®, vous savez qu'il s'agit d'une marque plutôt que d'une appellation, d'un vignoble ou d'un cépage; nous sommes généralement capables de reconnaître les noms propres, même sans les indications courantes telles que «Château», «Domaine», «Bodega», etc. De plus en plus, les cépages connus seront indiqués sur l'étiquette de corps; les autres seront cités ou expliqués sur la contre-étiquette. Le reste du texte contient souvent diverses informations géographiques. Faites des recherches (dans les livres ou dans Internet), aussi loin que votre intérêt vous poussera.

Essayez de vous habituer aux noms, même si vous ne les comprenez pas tous. Chaque nouvelle bouteille apporte une signification. Certains noms deviendront très précieux : «vos» vins. Je pense au madiran, au bandol et aux vins non mutés du Douro; si j'étais suffisamment riche, ce serait le pomerol et les grands crus classés de Saint-Émilion. Vous pourriez découvrir que d'autres noms sont traitres. Le glossaire à la fin du livre, ainsi que les nombreux noms que nous allons rencontrer au cours de notre grand voyage, vous aideront à partir du bon pied.

CI-CONTRE Le saint-émilion est l'un de mes vins préférés – mais dans la région, il y a encore des noms qui sonnent nouveau à mes oreilles.

Dates

La plupart des vins entrent sur le marché accompagnés de leur certificat de naissance. Il n'y a jamais deux millésimes identiques. Une petite connaissance de la qualité des récents millésimes de grandes régions viticoles s'avère donc très utile.

Comment acquérir cette connaissance ? En essayant le plus de vins possible. Les cartes des millésimes sont des raccourcis; vous y trouverez des cotes de qualité des millésimes, par région, sous forme de note numérique. Beaucoup sont disponibles dans Internet ou dans les livres sur les vins.

Ces cartes sont plus utiles pour les régions septentrionales dans l'hémisphère Nord et méridionales dans l'hémisphère Sud, car c'est dans ces parties que les vins montrent la plus grande variation d'un millésime à l'autre. Cependant, aucune région n'échappe à cette variation. Les années chaudes et sèches tendent à créer des grands vins, chaleureux et riches, et obtiennent les meilleures notes; les années plus fraîches ou plus humides donnent des vins plus sveltes et frais, mais parfois plus pointus, et tendent à avoir les plus basses notes.

Cela dit, ne vous laissez pas hypnotiser par les cartes. Les différences entre les millésimes, surtout s'agissant de vins jeunes, sont parfois d'ordre stylistique plutôt que qualitatif. Vous pourriez préférer les vins d'une année plus fraîche à ceux d'une année chaude, même s'ils ne restent pas longtemps dans la cave. Grâce aux techniques de vinification, peu de vins vraiment médiocres entrent sur les marchés d'exportation, même ceux des années difficiles.

Toutefois, les vins les plus grands et les plus durables seront toujours issus de vraies bonnes années, où la nature a été tout simplement généreuse. Par conséquent, si vous cherchez des vins fins à conserver pendant une décennie ou davantage, vous devriez toujours consulter une carte des millésimes.

CI-DESSUS Plus le millésime est vieux, plus vous devriez être pointilleux; la plupart des vins sont plaisants jeunes, mais seuls les meilleurs millésimes résistent au temps.

Il n'y a jamais deux millésimes identiques. Une petite connaissance de la qualité des récents millésimes s'avère donc très utile.

MILLÉSIMES : LE SQUELETTE

La plupart des étés se situent quelque part entre ces deux extrêmes de paradis et d'enfer.

BONS MILLÉSIMES	MAUVAIS MILLÉSIMES
Hiver humide	Hiver sec
Début de printemps frais	Début de printemps chaud
Belle fin de printemps	Gelées printanières
Temps sec et calme à la floraison	Temps humide et venteux à la floraison
Été chaud, sec	Été frais, humide
Averses occasionnelles	Averses de grêle
Fin d'été chaude, sèche	Fin d'été pluvieuse, humide
Beau temps sec à l'époque des vendanges	Pluie à l'époque des vendanges

DOSSIER D'INFORMATION : Lecture de la carte

Cartes Pour tout amateur de vins, aucune source d'information ne remplace les cartes qui, non seulement indiquent leur origine, mais expliquent aussi leur goût.

Étiquettes Les étiquettes racontent l'histoire du vin à l'acheteur potentiel. Certaines fournissent des détails généreusement; d'autres, hélas, les donnent au compte-gouttes. Apprendre à lire une étiquette vous aidera à comprendre les caractéristiques d'un vin, afin d'en tirer le meilleur profit.

Noms Une tempête de noms balaie l'atmosphère mentale du monde du vin. Ne vous laissez pas rebuter. Travaillez lentement, en donnant aux noms le temps d'acquérir un sens.

Dates Plus importantes dans les zones fraîches que dans les zones chaudes reconnues. Suivez les grands millésimes, si possible, car ils fournissent les points de référence du vin. Toutefois, n'ignorez pas les millésimes moins bien cotés, car ils donnent aussi beaucoup de plaisir.

ÉTAPE 10
LIEU : France

Jeune géologiquement et gâtée par la nature au point de vue agricole, la masse terrestre de la France côtoie l'Atlantique à l'ouest, la Méditerranée au sud et les Alpes à l'est. Son aptitude naturelle pour la viticulture est complétée par la vive curiosité sensuelle de ses habitants. Contrairement à l'Italie, la culture de la vigne n'est en aucun cas omniprésente en France. Les spécialités et les singularités abondent. C'est pourquoi les vins français sont si agréables à explorer.

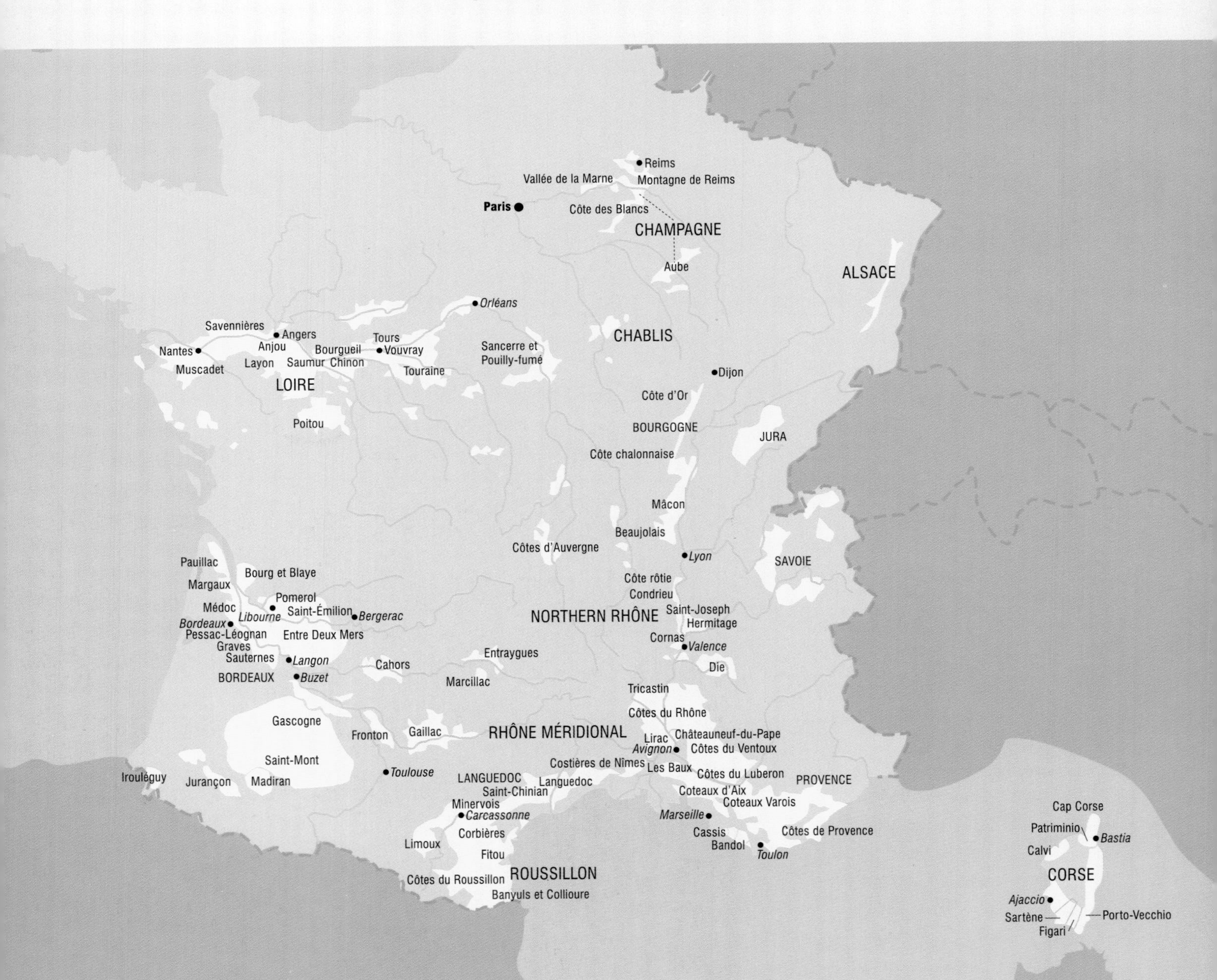

D 172
2,5 FUISSÉ
POUILLY
RPE

Bordeaux

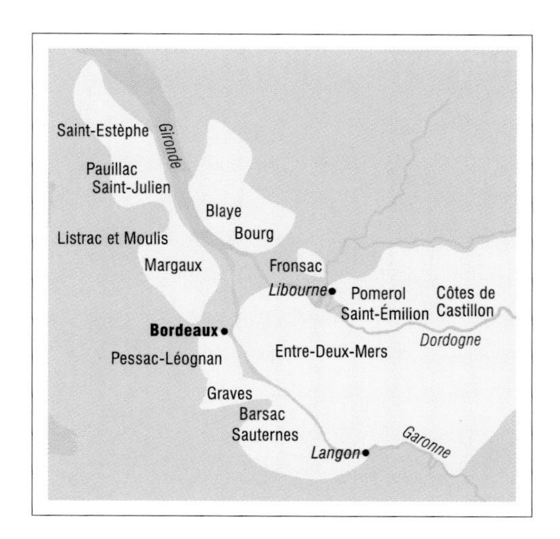

Située dans le sud-ouest de la France, la région de Bordeaux (ou le Bordelais) est une terre de ciels ouverts. Les eaux de ses deux fleuves se rejoignent pour former un vaste estuaire, la Gironde, avant de se déverser dans l'Atlantique. Et sur les bancs de gravier, formés lors des glaciations et des fontes subséquentes, se dressent ses fameuses vignes.

Le cépage le plus important du Bordelais est le merlot, suivi du cabernet sauvignon (dans les endroits les plus chauds seulement). Le cabernet franc, qui sert de cépage d'assemblage au merlot et au sauvignon, ajoute de la complexité aux saveurs. Le climat bordelais est typiquement maritime, avec de longs étés chauds et lumineux qui se fondent dans des automnes doux. L'Atlantique est toutefois un océan d'humeur changeante; les nuages de pluie peuvent surgir à tout moment.

L'association des cépages et du climat crée des vins rouges gracieux, appétissants, rafraîchissants, agréables, digestes et harmonieux : la référence mondiale. La fraîcheur de cassis et la vigueur du cabernet sauvignon tendent à dominer dans les vins produits sur la rive gauche de la Gironde, comme à Pauillac, Saint-Julien et Margaux dans le Médoc. Pour leur part, les vins de la rive droite, tels que ceux de Saint-Émilion et de Pomerol, ont tendance à être plus souples et pleins, avec des arômes plus prononcés de prune, grâce à un pourcentage plus élevé de merlot. Les bons bordeaux rouges se gardent aussi bien que tout autre vin, acquérant harmonie, parfum et calme au fil des ans.

Bordeaux n'est pas synonyme de vin rouge. Les bordeaux blancs secs bon marché, comme l'entre-deux-mers, sont frais et légers, tandis que les blancs secs plus chers, comme le pessac-léognan blanc, sont somptueux et onctueux. Tous accompagnent bien les aliments.

Les bordeaux doux, les meilleurs venant des AOC Sauternes ou Barsac sont superbement texturés, riches et glycérinés, équilibrés autant par la rondeur héritée des fûts de chêne et des raisins botrytisés que par l'acidité. Les cépages utilisés pour les deux types de blancs sont principalement le sémillon et le sauvignon blanc. Le caractère variétal fait place au goût du terroir et des traditions de vinification locales.

CI-CONTRE Voici le Château Lynch-Moussas à Pauillac où se profile une généreuse vendange de cabernet. La présence de lentilles d'argile cachées profondément dans le gravier explique pourquoi les feuilles sont encore vertes.

EXERCICE Comparez un bordeaux rouge bon marché avec un cabernet-merlot australien de prix semblable.

EXERCICE Comparez un vin rouge de l'AOC Pauillac avec un vin rouge de l'AOC Pomerol (cher). Cherchez l'intensité, la texture et les saveurs charnues de cassis dans le pauillac, qui sera toujours dominé par le cabernet sauvignon. Le pomerol dominé par le merlot devrait être plus lisse et rond, avec des saveurs de prune et peut-être une douce note crémeuse.

EXERCICE Comparez un bordeaux blanc sec bon marché, fait principalement de sauvignon blanc, avec un sauvignon-de-touraine de la vallée de la Loire. Le bordeaux sera probablement un peu plus souple et plein que le sauvignon de la Loire.

EXERCICE Comparez un sauternes avec un jurançon doux du sud-ouest de la France. Le sauternes est généralement élaboré à partir de raisins botrytisés et le jurançon, de raisins passerillés. Pouvez-vous goûter la différence ?

Qualités appréciées

Bordeaux rouge

- Son équilibre.
- Ses senteurs chaudes, souvent de cèdre.
- Ses saveurs fruitées, boisées et minérales.
- Sa digestibilité.
- Sa capacité à se bonifier en un vin plus souple et moelleux avec le temps.

Barsac et sauternes

- Leur texture onctueuse.
- Leurs senteurs et saveurs riches, presque grasses.
- Leurs succulents arômes de fruits d'été.

Bourgogne, Jura et Savoie

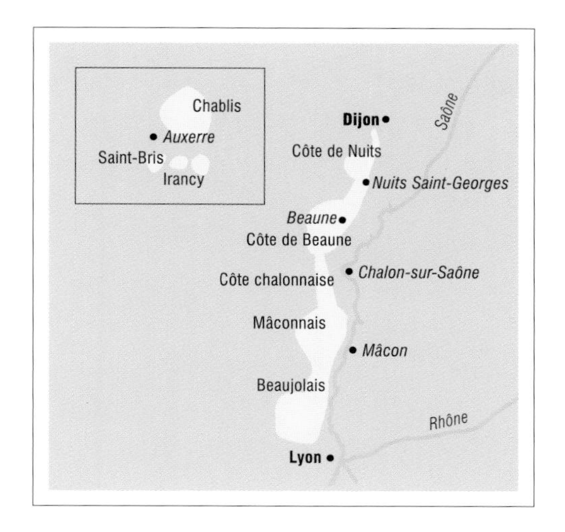

La Bourgogne regroupe cinq zones viticoles. La plus au nord, Chablis, donne naissance aux chardonnays les plus frais et les plus alléchants du monde – des blancs fruités, à la robe or-vert. Le sous-sol riche en fossiles d'huîtres leur confère une austérité minérale qui, avec le temps, peut s'épanouir en une richesse étrange, maternelle.

Vient ensuite la Côte d'Or – la Bourgogne profonde. La Côte de Nuits, entre Nuits-Saint-Georges et Dijon, est le pays des plus grands vins rouges légers issus du pinot noir. Surtout limpides, frais et francs, ils offrent à l'occasion d'incroyables saveurs et parfums de fruits. Plus au sud, la Côte de Beaune produit des vins rouges plus diversifiés, allant du robuste pommard au svelte santenay, et quelques-uns des plus grands vins blancs du monde à base de chardonnay. La profondeur, la grandeur et la consistance du montrachet, et la succulence minérale du meursault méritent d'être soulignées. Toutefois, il ne faut jamais s'attendre à une qualité suivie, même parmi les vins classés «premier cru» ou «grand cru». La Côte d'Or a le mot «déception» tatoué au fond de ses bouteilles.

La Côte chalonnaise est une petite région de vins rouges «suppléants» et de vins blancs «dames d'honneur». Bien que séduisants, leur valeur grimpe rarement en flèche comme celle des meilleurs vins de la Côte d'Or.

En revanche, le vignoble du Mâconnais, beaucoup plus grand, offre une quantité de beaux chardonnays souples, qui ne déçoivent pas souvent. Pour comprendre le caractère et l'attrait des cépages blancs les plus célèbres du monde, commencez ici.

Finalement, dans le Beaujolais, nous rencontrons un nouveau cépage : le gamay. Nous trouvons aussi un nouveau type de sol. Le granite remplace le calcaire typique des sols plus au nord. Il apporte de la tenue et de la brillance qui, associées à la jutosité du gamay, donnent un vin rouge gouleyant à souhait. Servez-le frais.

La Bourgogne comporte plus d'appellations que n'importe quelle autre région viticole dans le monde; s'y retrouver n'est pas évident. Les meilleurs beaujolais pourraient s'appeler Morgon, Moulin-à-vent ou l'un des huit noms locaux, sans que beaujolais ne soit mentionné. Un ouvrage de référence vous aidera à décoder la nomenclature. Il vous guidera aussi vers deux petites régions à l'est de la Bourgogne, soit le Jura avec ses clairets et blancs typés, et la Savoie, dont les rouges et blancs, frais et délicats, sont surtout des vins de consommation locale.

CI-CONTRE Cette scène atypique de la Bourgogne se déroule à Chiroubles, dans le Beaujolais. Effectivement, le Rhône n'est pas très loin. Les vignes sans treillage indiquent une orientation sud.

EXERCICE Comparez un chablis ordinaire d'un producteur fiable avec un bon mâcon blanc, comme le Saint-Véran ou le Viré-Clessé. Notez l'aigreur rafraîchissante du chablis, par rapport à la matière plus souple, plus riche et crémeuse du mâcon.

EXERCICE Goûtez un gevrey-chambertin rouge de la Côte de Nuits et un beaune rouge de la Côte de Beaune. Puis comparez les deux avec un pinot noir néo-zélandais de Martinborough ou de Central Otago. Le beaune devrait être le plus délicat et le gevrey-chambertin, plus franc et ferme. Le pinot néo-zélandais devrait être le plus profond et fruité, et peut-être moins subtil.

EXERCICE Comparez un beaujolais-villages ou un cru du Beaujolais avec un fronton du sud-ouest de la France ou un tarrango d'Australie. Voyez si vous les préférez frais ou à température ambiante.

QUALITÉS APPRÉCIÉES

Bourgogne rouge

- Sa légèreté, sa vivacité et son énergie.
- Ses parfums et saveurs de cerise et de framboise.
- Sa finesse et son feu intérieur.

Bourgogne blanc

- Sa variété de styles, allant du chablis minéral au pouilly-fuissé charnu.
- Sa vinosité.
- Sa capacité, avec le temps, d'acquérir des dimensions dignes d'un vin de banquet.
- Sa subtilité et son côté nourrissant.

Beaujolais

- Ses senteurs agréables de fruits frais.
- Ses saveurs vives et juteuses.
- Son caractère gouleyant.
- Sa succulence lorsqu'il est servi frais.

EXERCICE Comparez un champagne blanc de blancs avec un champagne blanc de noirs. Notez la finesse du citron dans le premier, par rapport à la profondeur et la structure de la pomme ou de la prune verte dans le second.

EXERCICE Comparez un champagne de marque, tel qu'un Moët ou un Pommery, avec un champagne de petit producteur. Remarquez la nature décontractée, douce et affable du premier, par rapport à la personnalité et le caractère plus marqués du second.

EXERCICE Goûtez un champagne rosé et cherchez les notes de fraise typiques, attribuables à l'ajout d'un peu de pinot noir à un assemblage classique de champagne (c'est ainsi que la plupart sont faits).

QUALITÉS APPRÉCIÉES

Champagne

- Ses bulles fines et sa couronne de mousse.
- Sa vivacité, son énergie, sa profondeur, son assurance, sa classe et son chic.
- Sa variété d'allusions et de saveurs (citron, crème, noisette, pomme, prune, pain, brioche, pain grillé, biscuit).
- Sa puissance symbolique : le signifiant de la célébration et une métaphore universelle pour la grande vie et le luxe.

Champagne

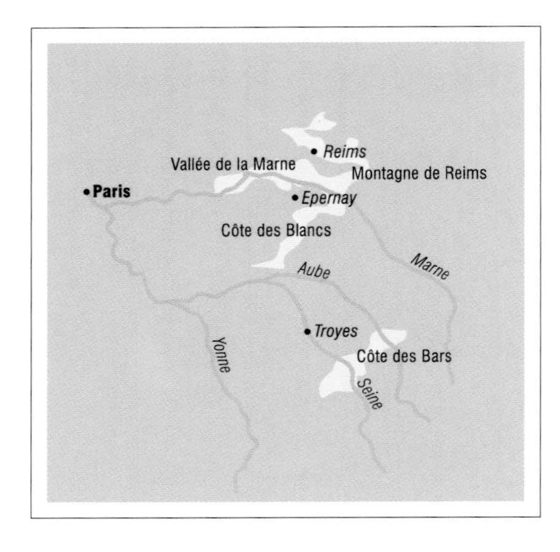

Aucune région viticole française n'est située plus au nord que la Champagne. Ses vins fraîchement fermentés sont imbuvables, acides et âpres à faire grimacer, tel du jus de citron. Présentés sous cette forme, ils auraient bien du mal à trouver des acheteurs. En revanche, trois ans et une transformation plus tard, ils deviennent les produits les plus chers de l'univers du vin. Comment ce nid de chenilles peut-il se métamorphoser en nuage de papillons ?

La réponse réside dans la seconde fermentation décrite en page 70. Ce processus permet la formation des bulles dans le vin et l'ajout de plénitude et de moelleux au profil aromatique et gustatif. Généralement, un peu de sucre est aussi ajouté en toute fin de processus pour contrer l'attaque d'acidité du champagne. Une fois que tous ces éléments enrichissants sont présents, l'acidité est soudain bienvenue, vivifiante, enchanteresse, rafraîchissante. Dans le monde du vin, tout est vraiment une question d'équilibre.

Géographiquement, la Champagne est une tresse de collines basses, crayeuses, ondulant au centre du bassin de la Seine. Dans une région aussi au nord, tous les coteaux ne bénéficient pas de l'ensoleillement nécessaire à la maturation des raisins. La majeure partie des terres champenoises ne convient qu'à la culture de la betterave sucrière. Les vignobles des meilleures communes sont classés «grands crus»; viennent ensuite les «premiers crus», puis les «crus». Le blanc de blancs désigne un champagne issu exclusivement de vins de chardonnay, tandis que le blanc de noirs peut être élaboré à partir de vins de pinot noir ou de meunier. Brut fait référence à un champagne sec et extra-brut, à un champagne très sec. Les champagnes demi-secs et doux sont graduellement plus sucrés.

De toutes les régions viticoles françaises, la Champagne est la plus facile à comprendre. En effet, la majorité de ses vins n'ont même pas de millésime. Chaque champagne est caractérisé par son style constant d'assemblage de vins d'années différentes. (L'indication d'un millésime sur une bouteille témoigne d'un été généreux.) La Champagne met un point d'honneur à ne vendre ses vins que lorsque ses créateurs les considèrent prêts à boire – mais les meilleurs champagnes, tels des athlètes d'Afrique de l'Est, minces et endurants, peuvent garder leur forme pendant des décennies. Le pétillement disparaît progressivement, alors que la subtilité des flaveurs se multiplie harmonieusement.

CI-CONTRE Cette fosse crayeuse géante, dissimulée sous les rues de Reims, a été creusée par des esclaves romains condamnés aux travaux d'extraction de pierres de construction. Leurs fantômes pourraient se consoler aujourd'hui en dégustant du champagne Taittinger.

La vallée de la Loire

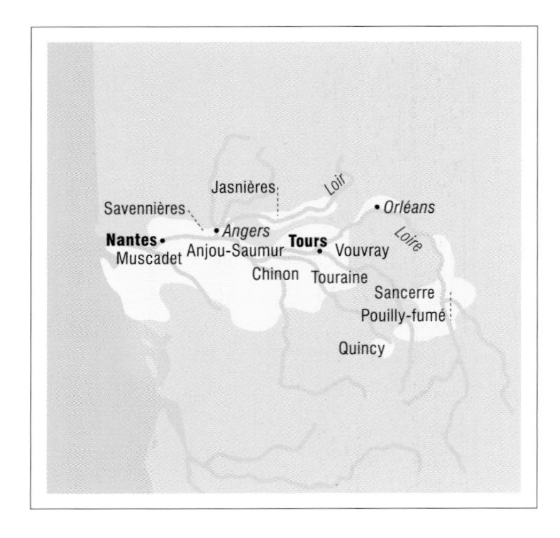

EXERCICE Comparez un blanc à base de sauvignon, provenant de Sancerre, Pouilly-fumé, Menetou-Salon ou Quincy, avec un blanc néo-zélandais de la région de Marlborough. Celui de la Loire aura des notes moins franches d'herbe et de fruits que son rival de l'hémisphère Sud, et devrait être plus minéral et vineux.

EXERCICE Comparez un blanc sec à base de chenin, provenant de Vouvray ou de Saumur, avec un chenin blanc sud-africain. Notez la différence que la chaleur sud-africaine apporte au caractère du cépage.

EXERCICE Comparez un chinon ou un saumur-champigny avec un médoc ou haut-médoc rouges. Les vins ont un profil semblable, mais le climat de la vallée de la Loire donnera presque toujours plus de vivacité et de nervosité.

QUALITÉS APPRÉCIÉES

Vins de la vallée de la Loire

- La fraîcheur des vins blancs, vivifiante et minérale, qui se marie bien à la nourriture.
- L'équilibre, la complexité aromatique et le potentiel de garde de plusieurs décennies des meilleurs vins blancs doux.
- La décontraction des vins rosés richement tissés.
- L'impact presque choquant des vins rouges à base de cabernet, foncés et croquants.

La Loire, le plus long fleuve français, coule tranquillement vers le nord à partir des monts volcaniques ardéchois. Près d'Orléans, elle s'infléchit vers l'ouest et traverse des terres verdoyantes avant d'atteindre la mer par la cité portuaire de Saint-Nazaire. Le long de ses 1020 kilomètres se trouvent de nombreux vignobles. Ont-ils quelque chose en commun ?

Oui, la fraîcheur. Le petit gamay léger et vivifiant marque la source. Puis le sauvignon blanc domine l'est de la Loire; le chenin blanc prend le relais dans le centre; et le melon de Bourgogne (le muscadet) conclut l'histoire du fleuve à l'ouest. Une acidité vive et un profil croquant et savoureux caractérisent chacun de ces cépages. Aucune région n'offre un meilleur choix de vins d'accompagnement des huîtres que la vallée de la Loire. Le sauvignon de Sancerre et de Pouilly-fumé sent moins l'herbe et plus la pierre que celui de Nouvelle-Zélande; le muscadet (surtout mis en bouteille «sur lie», c'est-à-dire tiré directement au-dessus des lies de levures) a un goût vif de citron, avec une petite note riche de pain. Et que dire du chenin blanc ?

Qu'il soit sec, demi-sec ou doux (ou moelleux dans le langage régional), sa fraîcheur typique ne le quitte jamais. Cependant, il est capable de prendre d'innombrables inflexions, allant d'un vin sec aux accents de roche et de pomme, comme le jasnières et le vouvray sec, à un vin avec beaucoup plus de mâche, comme le saumur et l'anjou. Les grands vins doux de la région, tels que les vouvrays, coteaux-de-l'aubance, coteaux-du-layon et bonnezeaux, fleurent les fruits du verger et exhalent des effluves de miel, de cire et de pâte d'amande.

Les vins rosés de la Loire, souples et somptueux, connaissent une popularité constante. Les vins rouges sont aussi remarquables, surtout ceux des vignobles aux sols de calcaire chauds, entre Tours et Angers. Saumur-champigny, bourgueil et chinon sont trois des noms à retenir. Ici, le cabernet franc ouvre la marche en créant des rouges aux arômes de groseille, qui peuvent pousser la fraîcheur à l'extrême. Une année fraîche laisse une empreinte herbeuse. Un été chaud, par contraste, donne des vins foncés, étincelants et parfumés, tendus par l'énergie et accentué de puissantes touches fruitées.

CI-CONTRE Des châteaux tout droit sortis de contes de fées témoignent du riche passé de la Loire. Le château de Nozet, qui appartenait autrefois à la fille illégitime de Louis XV, est aujourd'hui entretenu par le pouilly-fumé du baron de Ladoucette.

Bar

Alsace

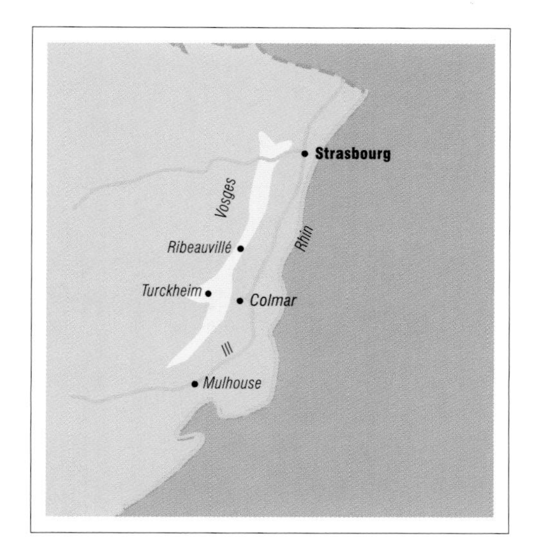

L'Alsace fait face à l'Allemagne. Située bien au nord de Dijon, l'accueillante Strasbourg est la ville la plus orientale de France et bénéficie d'un climat clément. Près des vignes se niche Colmar, une ville plus sèche que Bordeaux (502 mm de moyenne de précipitations sur 40 ans, comparativement à 833 mm à Bordeaux). Pourquoi ? En raison du massif des Vosges, couvert de forets, qui contemple les vignobles. Les nuages qui arrivent de l'ouest se vident au-dessus de ses crêtes. Derrière les montagnes s'étend la haute vallée du Rhin et de l'autre côté du fleuve se trouve la ville allemande de Baden.

Est-ce l'endroit où sont produits les vins blancs français à caractère germanique ? Oui, en ce sens que ces blancs affichent presque toujours les noms des cépages sur leurs étiquettes; qu'ils se distinguent par leurs hautes bouteilles vertes; et que, de nos jours, beaucoup d'entre eux présentent des notes sucrées.

Non, en ce sens que beaucoup restent secs et que presque tous sont corsés, voire capiteux, contrairement à la majorité des vins allemands. Non, en ce sens que les vins d'Alsace ont des niveaux d'acidité généralement plus élevés; et que leur vinosité structurée se marie bien aux aliments, ce qui est typiquement français. Par ailleurs, les collines alsaciennes recèlent plus d'épices que toute région allemande, y compris le Rheinpfalz (voir en page 161).

Comme en Allemagne, le riesling s'impose en seigneur du royaume. Complexe et autoritaire, il est la musique classique des vignobles. Il fournit aujourd'hui les vins les plus secs et les plus naturellement équilibrés de la région. Le gewurztraminer séduit par ses proportions généreuses et ses senteurs explosives. Poussant à la limite septentrionale de sa zone de culture, le muscat donne des vins étonnamment secs, parfois gênés et parfois malicieux. Le pinot gris peut incarner l'Alsace : pâteux, riche, avec de la mâche, complexe, filant. Le pinot blanc (et son partenaire secret, l'auxerrois) charme par sa fraîcheur et son fruité. Le sylvaner, plus séveux, offre un goût de terroir. Il y a aussi le pinot noir pour ceux qui aiment le rouge. Les meilleurs vignobles sont classés grands crus. Les vins délibérément doux portent la mention «vendanges tardives» ou «sélection de grains nobles» (baies botrytisées). Délibérément ? Beaucoup de cépages d'Alsace sont pour ainsi dire accidentellement sucrés, grâce à une réduction du rendement et des vendanges plus tardives que par le passé. L'étiquette ne donnant aucun indice sur leur degré de sucrosité, attendez-vous à tout en débouchant la bouteille.

CI-CONTRE Un après-midi d'été tire à sa fin à Riquewihr. Bientôt des plats de porc apparaîtront sur les tables, accompagnés de riches vins blancs parfumés. Que demander de mieux après une longue journée de randonnée dans les Vosges ?

EXERCICE Comparez un riesling alsacien avec un riesling allemand sec (cherchez les mots trocken ou halbtrocken sur l'étiquette) et un riesling australien de Clare Valley. Vous trouverez des différences majeures, démontrant combien ce cépage est expressif.

EXERCICE Comparez un pinot gris alsacien avec un pinot grigio italien. Dans la plupart des cas, le vin alsacien aura plus de caractère et sera moins sec que le vin italien – la conséquence d'une plus grande maturité et d'un rendement plus bas.

EXERCICE Comparez un gewurztraminer alsacien avec un torrontés argentin et un viognier de la vallée du Rhône (si possible, un coûteux condrieux). Comparez les parfums et notez les différents styles de corps, texture et arôme.

QUALITÉS APPRÉCIÉES

Vins d'Alsace

- La senteur et les épices de beaucoup de blancs.
- La richesse intrinsèque, le bouquet capiteux et les niveaux d'acidité bas de beaucoup de blancs.
- Le bon accord avec les mets des vins vraiment secs.
- La volupté presque décadente des vins plus doux.
- La grande variété de types de sols de la région, conférant des touches de saveurs aux vins.

HERMITAGE M.CHAP

La vallée du Rhône

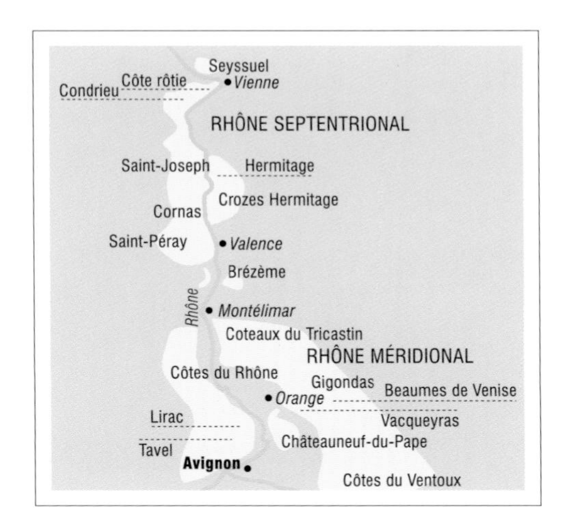

Le Rhône est un fleuve pressé. De sa source dans les Alpes suisses, à 1753 mètres d'altitude, jusqu'à sa dissolution dans le delta de la Camargue, il s'écoule vers le sud, en creusant le corridor fluvial le plus étroit de France. Des vins sont élaborés à partir des cépages cultivés sur les rives suisses du Rhône, mais la plupart de ceux que nous associons à ce fleuve sont français. Ils forment deux groupes.

Les vignobles du Rhône septentrional, entre Vienne et Valence, sont opportunistes. Partout où le soleil lézarde, sur les gradins, les plateaux ou les pentes raides de granite, de schistes et de micas, les vignes s'accrochent avec la ténacité des grimpeurs à mains nues. La syrah transmet son caractère mûr, racé, purement fruité et parfois fumé à des vins rouges tels que l'hermitage, le crozes-hermitage et le saint-joseph; le viognier, par contraste, apporte de la richesse et de la succulence au condrieu blanc. Un peu de viognier est souvent ajouté à la syrah dans les rouges de la Côte rôtie. Dans un amphithéâtre de calcaire chaud, le vignoble de Cornas produit les rouges les plus musclés et charnus du Rhône septentrional. L'association de deux cépages blancs, la marsanne et la roussanne, crée un effet sculptural dans les blancs de Hermitage, Crozes-Hermitage, Saint-Joseph et Saint-Péray. Ensuite, la vigne prend congé.

Les vignobles réapparaissent tandis que le fleuve s'étire dans les vastes étendues de galets roulés du sud. Dans ces nouveaux lieux, où règnent le soleil, la lavande, l'olivier et le jasmin, les accents français se mettent à vibrer; le paysage se tisse de motifs. Nous avons atteint la terre où Van Gogh a vu le ciel exploser. On y produit vingt-quatre fois plus de vin que dans le nord. Le châteauneuf-du-pape, sa principale appellation, donne le ton. Ce doux géant parmi les vins rouges français bénéficie d'un assemblage riche et alcoolisé de grenache et d'autres cépages rouges, comprenant généralement la syrah et le mourvèdre. D'autres rouges sont plus légers (comme beaucoup de ceux des Côtes du Rhône) et parfois plus vifs (lorsqu'ils sont issus, par exemple, de vignes cultivées sur les versants nord de Gigondas), mais on retrouve toujours chez eux une aisance méridionale, une douce affabilité. Il y a aussi beaucoup d'autres vins blancs qui, à leur meilleur, resplendissent de parfums de fleurs d'été; des vins riches, pleins et amples.

CI-CONTRE *La colline de l'Hermitage domine le fleuve, tandis que ses vins rouges au goût fumé, vifs et incisifs, et ses vins blancs visqueux, peu acides et parfumés à souhait, s'imposent sur les tables du monde.*

EXERCICE Comparez un rouge de Crozes-Hermitage avec un barossa shiraz australien. Voyez comme l'éventail de styles de la syrah peut être vaste..

EXERCICE Comparez un côte-rôtie avec un châteauneuf-du-pape, qui illustrent l'énorme différence de conditions de culture (sol et climat) entre les zones septentrionale et méridionale du Rhône.

EXERCICE Essayez les vins blancs de la vallée du Rhône, du plus simple (côtes-du-rhône blanc) au plus prestigieux (hermitage blanc). Ils constituent une alternative intéressante aux chardonnays et bourgognes blancs.

EXERCICE Essayez le condrieu; vous comprendrez pourquoi le viognier gagne en popularité.

QUALITÉS APPRÉCIÉES

Vins de la vallée du Rhône

- Le parfum, la finesse et la pureté des rouges du Rhône septentrional.
- La souplesse, la chair et l'ampleur des rouges du Rhône méridional.
- Le volume, la texture et les parfums floraux des vins blancs.
- La succulence et la sincérité brute de beaucoup de vins traditionnels du Rhône, surtout les rouges.
- Le bon rapport qualité/prix parmi les meilleurs côtes-du-rhône, ôtes-du-rhône-villages (incluant les vins de Beaumes-de-Venise, Cairanne et Vacqueyras) et costières-de-nîmes.

La France méridionale

EXERCICE Comparez un bandol, un cahors et un madiran. Ce sont trois des vins rouges les plus musclés, fougueux, provocants, et qui en valent la peine que la France nous offre. Décantez-les bien avant de servir.

EXERCICE Comparez un saint-chinian, un pic-saint-loup et un corbières. Cherchez la profondeur et la richesse dans le saint-chinian; la fraîcheur et le parfum dans le pic-saint-loup; et la nature sauvage dans le corbières.

EXERCICE Essayez certains des plus coûteux vins du Roussillon (aussi appelés vins de pays des Côtes Catalanes) avec des vins espagnols du Priorat, où les cépages et conditions de culture sont similaires.

EXERCICE Comparez un bon bergerac et un bon côtes-de-castillon bordelais. Pouvez-vous voir dire la différence ? Les deux aires d'appellation sont proches l'une de l'autre.

EXERCICE Comparez un cahors haut de gamme avec un ambitieux malbec argentin. Le vin argentin pourrait paraître plus musclé et exubérant, mais le cahors sera probablement plus serré, tendu et tannique, avec un meilleur accord avec les mets.

CI-CONTRE Les ruines du château d'Aiguilar, une ancienne forteresse cathare, surplombent les vignobles du Fitou et de Corbières, et ont vue sur les collines tapissées de garrigue parfumée.

Provence, Corse, Languedoc, Roussillon, Pyrénées. Des Alpes à l'Atlantique, peu de régions du sud de la France forcent la vigne à se battre pour mûrir. La lumière éclatante du ciel méditerranéen se réfléchirait-elle sur un océan de vignes vertes ? Pas tout à fait. Même sous un soleil généreux, les inégalités fondamentales du sol et du climat s'appliquent. Les meilleurs vignobles du sud forment un chapelet d'îles éparpillées.

Le nom Provence fait penser aux vins rosés secs et frais, aux vacances au bord de la mer, aux déjeuners sur une terrasse et aux siestes qui s'ensuivent. Les meilleurs rosés sont de véritables essais sur la finesse et la contenance. Parmi les autres vins de Provence, le grand bandol rouge se démarque par la beauté sauvage et la profondeur que lui confère le mourvèdre, qui prospère dans un amphithéâtre calcaire chaud, derrière le port naval de Toulon. Mis à part le bandol, vous pourriez trouver les blancs de Provence plus impressionnants que ses rouges. Les collines s'élèvent abruptement au-dessus du niveau de la mer, et les conditions de culture sont souvent plus fraîches que la latitude ne le suggère. Cela vaut également pour la Corse montagneuse. Des vins fins naîtront un jour des vignes plantées dans les sols de calcaire blanc en contrebas des Baux-de-Provence, sur les pentes qui préfigurent le mont Sainte-Victoire, et des vignes cultivées sur les coteaux sinueux de la Corse.

Le Languedoc présente deux reliefs : la plaine et les collines. Les vins de pays prédominent dans la plaine; ce sont des vins de cépage décontractés, dont le point de différence avec la concurrence mondiale est souvent un soupçon de finesse française bien ancrée. Les vins de pays élaborés à partir de cépages locaux tendent à surpasser les normes internationales. C'est sur les collines, cependant, que le Languedoc a finalement accompli la vocation dont il avait été frustré au cours du XXe siècle : la création de vins (surtout des rouges, mais aussi quelques blancs) qui reflètent la minéralité de son paysage et la férocité du soleil, des épines, des herbes et des roches. Le système d'appellation est en cours d'évolution, mais les noms à retenir sont notamment Saint-Chinian, Faugères, Pic Saint-Loup, La Clape, Minervois et Corbières. Vous pourriez imaginer que le volume et la chair seraient les atouts principaux de ces vins méridionaux, pourtant ce sont leurs parfums sauvages et émouvants qui me séduisent. Les vins effervescents et les blancs de Limoux élevés en fûts de chêne forment un contraste surprenant.

Le Roussillon est la partie française de la Catalogne ensoleillée. La chaleur s'élève davantage; le schiste, l'ardoise et le granite se battent avec le calcaire; le grenache de vieilles vignes s'associe à la syrah et au mourvèdre pour donner des rouges aussi denses et doux qu'un châteauneuf-du-pape, bien qu'ils remplacent sa chaleur enveloppante par une minéralité plus ferme. Nul doute qu'un jour le Roussillon produira de grands vins. Considérez aussi les vins doux naturels, parfois majestueux, de Banyuls, Maury et Riversaltes.

Et les vins du sud-ouest de la France ? Sous ce nom vague fourmille une bande de brigands qui ne manquent pas de caractère. Les plus

QUALITÉS APPRÉCIÉES

Vins du sud de la France

- L'exubérance, la rusticité et la chaleur des rouges.
- La fraîcheur et la vivacité parfois inattendues des blancs.
- Le sens de l'exploration et de la découverte qu'offre cette région.
- Les jolis vins rosés secs pour les déjeuners d'été et les repas en plein air.
- Les réconfortants vins doux naturels.

civilisés d'entre eux font partie d'une grappe d'appellations de la région de Bergerac, dont le monbazillac luxueusement doux. Ici, les cépages blancs de Bordeaux gagnent en moelleux et les rouges, en chaleur savoureuse. C'est à Cahors, arrosée par la serpentine rivière Lot, que le malbec est mis en évidence, foncé, parfumé et parfois consternant. Près de Gaillac, les vieilles vignes romaines produisent un petit arc-en-ciel de vins de spécialité, au caractère affirmé, tandis qu'à Fronton, la négrette donne des vins gouleyants, avec des notes poivrées, qui font écho aux beaujolais. Les vins blancs de Côtes de Gascogne suivent la même voie, grâce aux assemblages astucieux de colombard et d'ugni blanc (trebbiano).

Vient ensuite le moins connu des grands seigneurs de France. Tel un trou noir vineux au centre du triangle Dax-Auch-Tarbes, Madiran produit des rouges d'une force gravitationnelle sans égale. La combinaison de tannat, sol argileux et climat sub-pyrénéen donne des vins dont la masse tannique et la profondeur de caractère peuvent presque vous envoyer au-delà de l'horizon des événements. Bien que moins musclés que les madirans, les rouges des Côtes de Saint-Mont sont quand même taillés dans un même tissu robuste. Les blancs du Jurançon, les secs comme les doux, sont vivifiants et revigorants, grâce à leur acidité fraîche (les cépages poussent en plein soleil sur les plus bas coteaux des Pyrénées) et aux qualités intrinsèques du gros et du petit menseng. Finalement, l'irouléguy clôture la tournée par une note fraîche à saveur basque.

CI-CONTRE Vignobles, pins et broussailles parfumées au loin. La relation facile entre la viticulture et la nature est résumée par ces vignobles près de Vidauban, dans les Côtes de Provence.

DOSSIER D'INFORMATION : France

Vins fins Le leader mondial incontesté. Historiquement, les champagnes, bourgognes et bordeaux sont les classiques; ce sont respectivement les meilleurs vins mousseux, rouges légers et rouges moyennement corsés. Les meilleurs vins du Rhône, d'Alsace et de la Loire sont aussi des vins fins. J'ajouterais également à cette liste le trio musclé de bandol, cahors et madiran.

Vins plaisants Des centaines. Sur ma liste de vins préférés figurent les champagnes de petits producteurs, les vins demi-secs de la Loire, les beaujolais et quelques vins de spécialité du sud de la France, comme le bergerac, le marcillac, la clape, le pic-saint-loup et le saint-chinian.

Forces nationales L'énorme diversité et variété; le bon accord avec les mets; un sens intrinsèque de l'équilibre et de la finesse; la volonté de permettre aux qualités naturelles du cépage et du vignoble d'émerger dans un vin, même si elles paraissent singulières, étranges ou bizarres dans le contexte international.

Faiblesses nationales Un torrent de noms et de complications pour les consommateurs; la piètre qualité des étiquettes, absence fréquente d'explications et d'informations sur les origines; la qualité hautement variable dans certaines régions; les prix excessifs de certains vins fins de renom.

ÉTAPE 11
LIEU : Italie

Peu de tableaux de la Renaissance ne comportent pas un vignoble; peu de paysans italiens n'ont jamais fait de vin. Le vin est aussi intimement lié à la vie italienne que les pâtes ou le café. Par ce lien étroit, le vignoble italien et la collection de vins ont résisté, presque sans dommages, jusqu'au XXIe siècle. Même le passionné de vin le plus érudit s'attend à des surprises de la part de la séduisante, chaotique Italie.

DI FOSCARINO
CLASSICO
DI ORIGINE
VERONA ITALIA
13,5% VOL
2006

L'Italie septentrionale

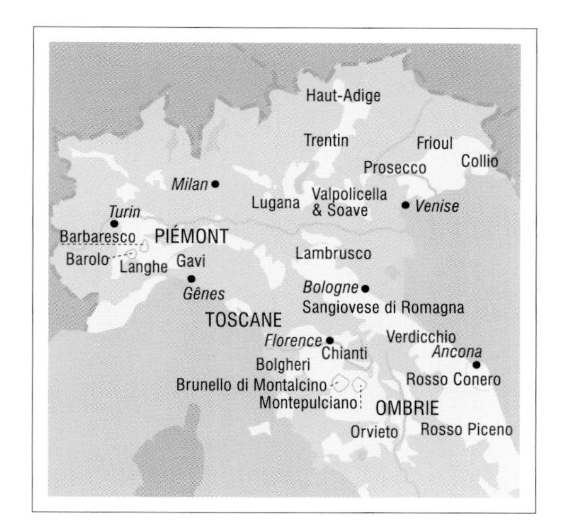

Si l'Italie devait avoir une Bourgogne, ce serait le Piémont. C'est la terre du petit producteur plutôt que le domaine d'un grand exploitant. Dans les collines qui plongent et tournoient, la logique de parcelle unique est primordiale. Par ailleurs, le grand cépage du Piémont, le nebbiolo, se fait presque autant prier que le pinot noir pour atteindre la perfection. Il prend tout son temps pour mûrir, traînant jusqu'au cœur de l'automne. Le brouillard (la nebbia) enveloppe la nature d'un manteau de mystère et de méfiance, tandis que des chiens blancs renifleurs de truffes viennent troubler le silence de la nuit.

Anguleux, tanniques, acides, mais parfumés et alléchants à leur meilleur, les barolos et les barbarescos connaissent un succès aussi irrégulier que le bourgogne rouge. Qu'à cela ne tienne, l'Italie propose une foule d'autres vins, dont le dolcetto rouge au fruité de prune; le barbera énergique, bien que parfois mordant; l'arneis blanc aux accents de fruits du verger; et le moscato blanc, pétillant et frivole. Sans oublier le gavi blanc, sec et délicat, issu des coteaux au nord de Gênes, où l'air fleure bon le basilic.

Si l'Italie devait avoir un Bordelais, ce serait la Toscane. Ici, les vignobles sont grands et aristocratiques, à l'image des castelli (châteaux) qui les agrémentent. Le sangiovese est, somme toute, mieux nanti que le susceptible nebbiolo. À l'instar de leurs homologues bordelais, les grands vins toscans respirent le raffinement. Le chianti évoque une promenade au crépuscule dans les olivaies. Il est un vin de lumière pâle et d'ombres foncées, avec une bonne acidité et des tanins vifs. Les sols argilo-calcaires (galestro) laissent une trace minérale. Le chianti est le laurier et le café, une intrigue compliquée, un murmure dans une cour. Par rapport à lui, le brunello di montalcino est plus dominateur et musclé; le vino nobile di montepulciano, un peu plus mûr et rond; et le bolgheri du littoral (un bel emplacement pour le cabernet, le merlot et le sangiovese), plus international – bien qu'indéniablement de qualité. Le morellino di scansano apporte de la souplesse au sangiovese.

Bien d'autres vins du nord de l'Italie viennent s'ajouter à ces gros canons. De nombreux vins de montagne naissent dans la vallée de l'Adige, empruntée par des camions chargés de tomates qui filent dans un bruit d'enfer vers Innsbruck et Munich via Trento et Bolzano. Ce sont des blancs frais, souvent élaborés à partir de cépages internationaux, tels que le chardonnay et le sauvignon, ainsi que des rouges rubis issus de la schiava, la «fille esclave», et des rouges plus intenses mais toujours vifs à base de teroldego, rotaliano et lagrein.

EXERCICE Comparez un barolo ou un barbaresco avec un taurasi, pour faire ressortir le contraste entre deux grands cépages rouges italiens (nebbiolo et aglianico) et deux climats très différents.

EXERCICE Essayez un bon soave (issu de parcelle unique) et un bon fiano di avellino, pour démontrer que la réputation des vins blancs italiens, soi-disant insignifiants, n'est pas méritée.

EXERCICE Pour constater la performance des cépages internationaux en Italie, essayez des vins de bolgheri à base de merlot et de cabernet; un chardonnay d'une autre partie de la Toscane; un sauvignon blanc du Haut-Adige et du Frioul; et un syrah de Sicile.

EXERCICE Comparez un primitivo des Pouilles avec un zinfandel de Californie; malgré la chaleur des Pouilles, le zinfandel sera sans doute plus doux et plus riche que le primitivo.

EXERCICE Aussi étrange que cela puisse paraître, le chianti classico moderne peut contenir jusqu'à 20 % de cabernet ou de merlot. Essayez-en un et comparez-le avec un chianti classico 100 % sangiovese (la contre-étiquette devrait faire mention du type de cépage).

CI-CONTRE Le soave et le chianti sont typiquement italiens, dans le sens où leur qualité est aussi variable que leur prix. Les moins chers ont peu en commun avec les meilleurs. «Classico» est un indice, mais le nom du producteur est un meilleur gage de qualité.

À l'est du lac Garda, sur une chaîne de collines autrefois volcaniques, les vignes poussent avec fureur, telles des lianes dans la jungle. Le joli petit bardolino léger se tient près des rives du lac, tandis que dans la cour de Vérone, le valpolicella et le soave jouent les Roméo et Juliette. La cerise parfumée dans le valpolicella s'intensifie en douceur dans le ricioto et en richesse alcoolique dans l'amarone. Le soave est un blanc inconstant, mais quand il est bon, il offre une certaine mâche et de profonds accents de pâte d'amande. Le lugana, sur la rive sud du même lac, est issu d'un cousin local du verdicchio.

Le prosecco pétillant évoque l'atmosphère onirique de Venise. En direction de la Slovénie, le Collio et le Frioul offrent certains des blancs les plus sérieux et gastronomiques d'Italie. Les meilleurs de leurs rouges sont croquants et dotés d'une fraîcheur de groseille.

La plaine du Pô, où se vautre «Bologne la grasse», est moins propice à la production de vins qu'à celle de fromages, jambons et saucissons. Néanmoins, le lambrusco, dont l'original est rouge, sec et perlant, et le sangiovese di romagna arrosent bien les bons petits plats. Sur la côte adriatique, le verdicchio blanc représente l'un des plus grands vins d'accompagnement des poissons, tandis que le robuste rosso cornero est souvent injustement ignoré. L'Ombrie, le cœur vert de l'Italie enfermé dans les terres, est surtout connue pour son affable orvieto blanc. Toutefois, le montefalco sagrantino, presque scandaleusement tannique, et le torgiano, plus civilisé, offrent des satisfactions plus profondes.

CI-CONTRE Un chaos de collines, ponctué de forêts, de villas et de cyprès silencieux. Nous sommes au cœur du chianti. Malgré le soleil éclatant, l'air est toujours teinté de mystère.

L'Italie méridionale

QUALITÉS APPRÉCIÉES

Vins italiens

- L'assurance, l'énergie, le dynamisme et la profondeur des rouges.
- La finesse, la grâce et le bon accord avec les mets des blancs.
- La variété infinie, l'intérêt et le côté intrigant des cépages et des vins moins connus.
- Le rôle simple et facile du vin dans la vie quotidienne en Italie.

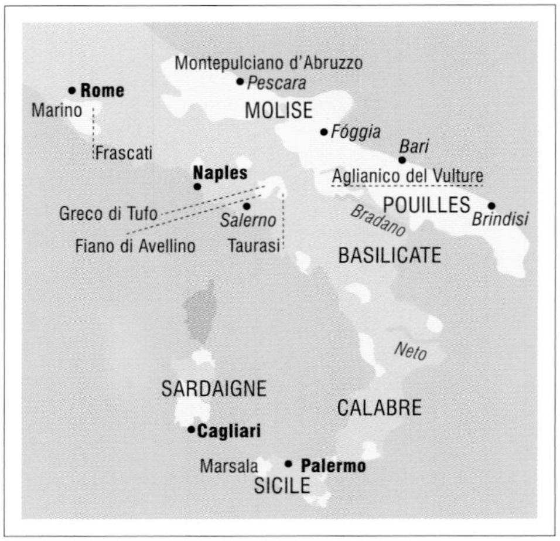

Les vins de Rome, en principe, sont plus ambitieux que le prosseco de Venise. Le frascati au parfum d'amande, le plus connu d'entre eux, est un blanc si simplement désaltérant qu'il semble tout droit tiré d'une source de montagne. La même simplicité qualifie le marino. (Je ne dénigre pas ces vins : parfois, la simplicité équivaut à la perfection.)

Pour trouver un rouge intense, vous devez traverser les Apennins jusqu'aux Abruzzes, où le montepulciano (le cépage et non le lieu) contribue à la fabrication de rouges au corps et à la texture authentiquement sudistes. Le pays du vin rouge s'étend le long de la côte adriatique, des Abruzzes jusqu'au talon apulien de la botte italienne. C'est aussi le paradis des chasseurs de bonnes affaires. Le montepulciano prédomine en Molise; dans les terres, l'aglianico del vulture s'impose en vin riche, autoritaire et de bonne garde. Le volcan en repos de Monte Vulture fournit des sols de prédilection pour les plus grands cépages du sud de l'Italie. Dans la péninsule de salento, dans les Pouilles, le negroamaro et le primitivo (zinfandel) prospèrent sur le sol cramoisi des vignobles de la plaine, rafraîchi par la brise des deux mers. Ils donnent des vins rouges d'une douceur et d'une fraîcheur qui se retrouvent rarement plus au nord. Squinzano, copertino et salice salentino sont des noms à retenir. Selon la tradition locale, ces vins séjournent quelques années en barriques pour se détendre et s'assouplir; cet élevage donne des résultats délicieusement convaincants.

Rome… et Naples ? Dans l'ère classique, les plus grands vins italiens voyaient le jour juste au nord de Naples. En ce temps-là, dans les bars de Pompéi, le falernian se vendait quatre fois plus cher que les vins ordinaires. Aujourd'hui encore, Naples est en droit de dire qu'elle a de grands vins à sa porte. Le riche taurasi rouge (à base d'aglianico) est le vin le plus fin du sud de l'Italie. Parmi les blancs, le greco di tufo (plein, de belle mâche et minéral) et le fiano di avellino (léger, frais et floral) peuvent tous deux être fabuleux, même sans égaler la grandeur du falernian désormais disparu. La pauvreté et le manque de développement qui frappent la Basilicate et la Calabre ont sans doute restreint leurs vins. Ces régions ne manquent toutefois pas de cépages intéressants qui, dans les années à venir, deviendront leurs cartes maîtresses.

Tel était le cas de la Sicile, traditionnellement le pays du marsala. Ce vin de liqueur d'invention britannique, autrefois destiné à étancher la soif des marins, sert généralement à la confection du zabaglione. Le meilleur marsala (vierge, comme l'huile d'olive) est sec et cependant lisse, ambré et beurré. Des vins de table ambitieux, à base de cépages internationaux et indigènes, tels que les

CI-CONTRE Ceux qui ont vu le film *Le Guépard* de Lampedusa reconnaîtront le nom de ce vignoble sicilien du domaine Contessa Entellina de Donnafugata, bien au-dessus de la chaleur étouffante du bord de mer. Corleone n'est pas loin.

Tancredi

rouges nero d'avola et nerello mascalese, et les blancs catarratto, inzolia et grillo, ont forgé la récente notoriété des producteurs qui ont joué la carte de la qualité et de l'innovation. (Malheureusement, beaucoup ne font aucun effort; la surproduction sicilienne est un scandale qui dure depuis longtemps.) Ne vous laissez pas induire en erreur par la localisation géographique. Plantées sur les hautes collines du centre de la Sicile, les vignes produisent des vins beaucoup plus vivants, frais et parfumés que si elles l'étaient à une altitude en deçà de celle d'Athènes. Les étiquettes siciliennes sont également étonnamment originales et accessibles. Ces dernières années, la plupart des vins vedettes de l'île ne portent pour toute description spécifique que l'IGT de «Sicile».

La Sardaigne est l'autre grande île de l'Italie méridionale. En héritage de la domination aragonaise, elle a reçu deux cépages espagnols, soit le garnacha/cannonau (grenache) et le cariñena/carignano (carignan). Les deux y prospèrent, le premier donnant des vins doux et le second, des vins plus secs et poudreux. À leurs côtés poussent les cépages indigènes rouges monica et girò, et le nuragus blanc. Le bovale (le sardo et le grande) peut être apparenté au bobal espagnol. Le vermentino au parfum de fenouil fournit de nombreux vins blancs sardes. Appelé rolle par les Français, il est l'un des cépages favoris de la côte méditerranéenne.

L'île de Pantelleria est la commune la plus méridionale d'Italie et la dernière terre européenne avant la côte tunisienne, à quelque 80 kilomètres au sud. Le muscat, mémorablement appelé zibbibo, est séché au soleil pour donner à ses vins une richesse de liqueur d'orange.

CI-CONTRE Entre Capri et Salerne, pas un centimètre de terre n'est gaspillé le long de la côte. Les vignobles, mêlés aux vergers d'agrumes, produisent les vins rouges et blancs de Costa d'Amalfi très prisés par les touristes.

DOSSIER D'INFORMATION : Italie

Vins fins Les vins les plus fins d'Italie sont principalement rouges : barolo, barbaresco, chianti classico et chianti rufina, brunello di montalcino, amarone et taurasi ainsi qu'une grande variété de rouges très ambitieux élaborés selon les règles flexibles de l'IGT (Indicazione Geografica Tipica) à Bolgheri et ailleurs.

Vins plaisants Presque tous les autres vins. Notez que «plaisant», pour les Italiens, n'exclut pas les saveurs amères et les hauts degrés d'acidité, comme vous pourriez le constater dans le barbera du Piémont. La plupart des blancs italiens sont plaisants (et le doux moscato pétillant est le plaisir incarné), mais les meilleurs blancs gagnent en noblesse.

Forces nationales Originalité, diversité et caractère. Élaborés dans l'esprit des repas, peu de vins italiens déçoivent à table.

Faiblesses nationales Nomenclature chaotique; un récent empressement déplorable à intégrer des cépages internationaux dans les assemblages classiques; normes de qualité extrêmement variables, même pour les vins classés DOCG (Denominazione di Origine Controllata et Garantita).

ÉTAPE 12
LIEU : Espagne

Isolées sur les terres hautes, les robustes vignes espagnoles se vautrent comme des pénitents, dans un paysage chaotique, dénué d'arbres et au sol pierreux. Vingt ans plus tôt, nombre de vignes étaient attachées, tels des ânes en plein soleil, à un ensemble de traditions stériles. Les deux dernières décennies ont apporté la libération. L'Espagne est maintenant créative, fière et sûre d'elle, et certains vins espagnols figurent parmi les plus excitants d'Europe.

VIÑA POMAL
HARO

Y VIÑEDOS
SICILIA
«VALBUENA» 5.°
Ribera del Duero
1999
№ 42244

Vins espagnols

Commençons par jeter un coup d'œil aux traditions. Le rioja est le rouge espagnol que tous les buveurs de vin connaissent. Son succès découle de son cépage dominant, le tempranillo. Cultivé dans le sol argilo-calcaire de la haute vallée de l'Èbre, juste au sud du pays basque, il est assemblé avant de se faire dorloter dans les bras d'un fût de chêne blanc américain. Au terme de son séjour, il devient un rouge gouleyant aux arômes de vanille, ce qui lui vaut bien sa popularité. Le rioja fait toujours la renommée de la région, même sous ses formes modernes. Les vignerons (plutôt que des grandes compagnies) qui travaillent des parcelles individuelles, avec du chêne français et des régimes d'élevage plus courts, produisent maintenant des vins plus profonds, foncés et intensément parfumés. En conséquence, la Rioja, comme le Bordelais, est d'un point de vue de la variété une région plus diversifiée que par le passé.

La Rioja a évidemment des rivales, dont la plus grande est assurément la Ribera del Duero. Cette dernière borde le fleuve qui, après avoir traversé la frontière portugaise, se taille un chemin à travers les canyons rocheux de la région du porto. La Ribera del Duero est située à une plus haute altitude que la Rioja, avec des nuits plus fraîches; le tempranillo (appelé ici tinto fino) produit des vins plus spectaculaires, intenses et provocants, exprimant la nouveauté avec autant d'éloquence que les courbes métalliques du musée Guggenheim de Bilbao. Toro, à l'ouest de Ribera del Duero, ne lésine pas sur l'étoffe – cette fois, le tempranillo se nomme tinta de toro. Entre les deux régions se glisse la Rueda, où certains des blancs les plus frais, les plus purs d'Espagne prennent vie. Le verdejo est le cépage clé, bien que le sauvignon blanc puisse aussi jouer un rôle. (Le cabernet sauvignon, le merlot et la syrah, soit dit en passant, ont de fortes chances d'apparaître partout en Espagne. Une conception moderniste ? Pas vraiment, plutôt du rattrapage. En effet, les traditions vinicoles ont connu moins de raffinement en Espagne qu'en France ou en Italie pendant la renaissance du vin de la fin du XXe siècle.)

Le Priorat, en Catalogne, lance un tout nouveau défi à la suprématie de la Rioja. La garnacha et la cariñena volent la vedette au tempranillo. Puisant leurs nutriments dans un sol d'ardoise scintillante, localement appelée licorella, elles donnent des vins plus minéraux que tous ceux de Rioja ou de Ribera del Duero. Au Priorat, les saveurs de fruits acquièrent une intensité presque médicinale. Peu de vins suscitent de l'émoi et du respect admiratif chez les buveurs comme ceux du Priorat et de son voisin le Montsant.

D'autres parties de la Catalogne cherchent aussi à défier l'hégémonie de la Rioja. Penedès, Conca de Barberá, Costers del Segre et Catalunya sont des noms que vous pourriez voir sur des bouteilles de rouges ambitieux. Le style de ces vins tend à être plus international, bien que la chaleur espagnole coule comme du sang dans leurs veines. La Catalogne est aussi le pays du cava, le grand mousseux espagnol. Dans ce contexte, «grand» fait autant référence au volume qu'à la qualité. En fait, les cépages peuvent provenir de toute région d'Espagne, bien que la vaste majorité soit d'origine locale. Le chardonnay et le pinot noir jouent un rôle dans les meilleurs vins, mais les variétés locales macabeo, xarel-lo et parellada impriment leur cachet de fleur et de pomme plus régulièrement.

EXERCICE Comparez un rioja, un ribera del duero et un toro pour voir comment le climat, le sol et l'altitude peuvent modifier le caractère du tempranillo (vérifiez aussi sur la contre-étiquette si le vin a été élevé en fûts de chêne français ou américain).

EXERCICE Comparez un vin du Priorat avec des rouges ambitieux du Roussillon français et de la vallée du Douro portugaise. Dans ces trois régions sauvages, chaudes et rocheuses, les vins ont tendance à avoir un caractère minéral prononcé.

EXERCICE Parmi les vins espagnols, ceux de Jumilla, Calatayud, Cariñena et Monsant vous en donneront pour votre argent. Par ailleurs, aucun mousseux n'offre un meilleur rapport qualité/prix que le cava.

CI-CONTRE Au XIXe siècle, le vega sicilia a été le vin pionnier de la Ribera del Duero, en agrémentant le tempranillo espagnol de cépages bordelais. Une vendange tardive et un luxueux élevage en fûts de chêne ajoutent à la grandeur de ce vin riche et de petite production.

QUALITÉS APPRÉCIÉES

Vins espagnols

- La souplesse, la douceur et le velouté des vins rouges traditionnels, surtout ceux de Rioja.
- La puissance et le caractère excitant des vins rouges de la nouvelle génération.
- Le bon rapport qualité/prix des vins moins connus et prometteurs.
- L'incorporation facile des cépages internationaux sur la scène viticole espagnole en plein essor.

CI-CONTRE Des liens étroits unissent l'église et le vignoble, parfois même physiquement, comme c'est le cas ici, près de Haro, dans la Rioja Alta.

Compte tenu des coûts élevés de production des mousseux fabriqués selon la méthode champenoise, le prix du cava demeure étonnamment avantageux.

Il y a un endroit en Espagne où le climat et le sol concourent à la création d'une terre qui n'a rien d'une plaine aride peuplée de mirages et de moulins à vents. Fraîche, verdoyante et humide, la Galice est ce doigt trapu de l'Espagne qui pointe vers l'ouest dans l'Atlantique. D'odorants cépages blancs occupent les sols granitiques des coteaux orientés au sud. L'albariño, ici comme au pays du vinho verde portugais, se propulse au rang de riesling ibérique. Le godello peut produire des vins aussi complexes, mais de saveurs plus intenses. À Valdeorras, Ribeira Sacra et surtout sur les terrasses d'ardoise de Bierzo, la mencia donne des résultats surprenants. Les vins à base de ce cépage peuvent être légèrement fruités, ou plus denses et minéraux.

Le reste du pays est une mosaïque de différentes DO (Denominación de Origen), chacune ayant quelque chose à prouver – et chacune s'efforçant de le faire. Voici quelques-unes des meilleures. L'Espagne est actuellement dans un état d'effervescence tel qu'il serait dommage de se priver de ses vins.

La Navarre, voisine de la Rioja, a le chic avec les vins rouges, blancs et doux naturels. Sa réussite s'explique en partie par ses plantations substantielles de cabernet sauvignon et de chardonnay, et en partie par le climat frais du nord. Le Somontano, qui se prélasse avec désinvolture au sud des Pyrénées, a adopté le pinot noir et le gewurztraminer. Sur la carte, le trio acharné de Campo de Borja, Cariñena et Calatayud semblent proches de la Navarre ou du Somontano, mais la chaleur de la vallée de l'Èbre qui déboule vers la Méditerranée rend ces sites plus propices à la culture des vigoureux grenache et tempranillo.

Le cœur de l'Espagne, La Manche ou le pays de Don Quichotte, est la parcelle de vignoble la plus étendue d'Europe – tant par sa superficie que par la distance entre les ceps bas et maigres qui y font leur vie. Le banal airén blanc compose la majorité de l'encépagement, ses raisins servant surtout à la fabrication de brandy. Le tempranillo (ce cépage aux multiples pseudonymes s'appelle ici cencibel) domine dans l'enclave de Valdepeña. Sous le soleil méditerranéen, Valence et Murcie accueillent un autre groupe de DO en quête de perfection. Jumilla est ma préférée, sans doute parce que j'ai un faible pour son bourru cépage rouge, le monastrell (connu sous le nom de mourvèdre en France et mataro en Australie et en Californie). Manchuela et Utiel-Requena sont toutes deux situées en altitude et utilisent le bobal rouge à bon escient. Dans l'ouest de l'Espagne, collée sur la frontière portugaise, la nouvelle DO Ribera del Guadiana promet également.

Le sud de l'Espagne est dominé par le pays du xérès (voir détails en page 114). On y trouve aussi d'autres vins corsés de type xérès à Condado de Huelva et non mutés à Montilla-Moriles ainsi que des vins plus doux, plus riches, dans la DO Málaga. Là encore, un vent d'innovation souffle sur les collines. Soyez à l'affût des vins secs non mutés de la Sierras de Málaga, issus d'une grande variété de cépages, et des vinos de la tierra (l'équivalent des vins de pays français) des régions montagneuses autour de Grenade. Les îles espagnoles ont finalement obtenu leurs propres DO (deux à Majorque et onze aux Canaries), mais la qualité de leurs vins n'avance pas au rythme de celle du continent.

Xérès

EXERCICE Buvez du xérès fino ou manzanilla frais, dans un verre à vin ordinaire, en accompagnement de plats de poissons ou de fruits de mer. L'association vous surprendra agréablement, à condition que la bouteille (ou demi-bouteille) soit fraîchement débouchée.

EXERCICE Essayez les plus vieux olorosos secs et doux que vous pouvez trouver. Ces vins d'assemblage sont des joyaux cachés à l'arrière de chaque bodega (entrepôt de vins), et portent souvent des noms résonnants tels que Matúsalem (oloroso doux de Gonzalez Byass) ou Don Gonzalo (oloroso sec de Valdespino). Des vins VOS sont âgés d'au moins 30 ans. L'étiquette pourrait porter d'autres indications d'âge (12, 15, 20 ou 30 ans).

QUALITÉS APPRÉCIÉES

Xérès

- Le charme des grands xérès fino et manzanilla, combinant fraîcheur, vivacité et saveur umami.
- Le raffinement aromatique des grands amontillados et palo cortados.
- L'intensité et la profondeur des grands xérès olorosos secs ou doux.

CI-CONTRE Paysage terrestre, onirique, lunaire ? Parfois, les vastes vignobles blanchis de Jerez ressemblent aux trois. Dans ce site unique, les vignes aussi vivent d'étranges choses.

Le xérès forme un monde à lui seul. Dans les latitudes nord-africaines, renfoncée dans les terres les plus basses d'un pays élevé, la région du xérès se prélasse au soleil telle une perle géante. Les palmiers brisent le bleu du ciel; les vignes vertes sucent l'humidité par les minuscules pores des sols incroyablement crayeux. Ces vignes sont le cépage palomino (aussi appelé listán). Elles produisent des vins ternes, sans grande personnalité. Mais faites l'une de deux choses insensées à ces vins et ils se transforment. Leur personnalité s'épanouit.

Des choses insensées ? Eh bien, aucune personne saine d'esprit ne laisserait la moisissure se développer sur son vin frais. Et aucune ne permettrait à l'air chaud de pénétrer le vin si profondément qu'il prend une teinte de noix. Par ces deux actes, cependant, on obtient des vins d'une beauté étrange, fascinante.

Commençons par la moisissure. En Espagne, on l'appelle *flor*, ou «fleur». Il s'agit d'une pellicule de levures qui se forme rapidement sur un jeune vin sec issu du palomino, pâle et légèrement muté. Pourquoi ? Nul ne le sait. Sans doute parce que les hauteurs du cœur de l'Espagne aspirent l'humidité de la mer vers les terres. Après quelques années de vieillissement, le vin est pâle, avec une saveur de levain, riche en acétaldéhyde et incroyablement délicieux. S'il vient des villes de Jerez ou de Puerto de Santa Maria, il se nomme fino; s'il vient de la ville maritime de Sanlúcar de Barrameda, où la flor est plus épaisse que partout ailleurs, il est appelé manzanilla.

Passons au deuxième acte insensé. Les xérès plus foncés, comme les olorosos, sont plus fortifiés que les pâles (18 % vol. plutôt que 15 %). À la place de la flor, qui ne peut se développer en présence de tant d'alcool, ce sont les doigts pénétrants de l'air chaud andalou qui viennent masser le vin. Cette oxydation caractérise un xérès foncé, alors qu'elle ruinerait un bourgogne blanc. Elle confère au vin un mordant et une vivacité inégalés.

La constance de la qualité est assurée par une méthode d'assemblage et d'élevage simultanée, appelée le «système de la solera», en usage dans la région du xérès. La disposition des fûts en étages permet de soutirer une partie du vin plus vieux d'une rangée inférieure et de combler l'espace vacant par le vin plus jeune de la rangée supérieure. Ce processus, répété à l'infini, réussit à mélanger les contenus aussi efficacement que la reproduction humaine fait tournoyer les gènes.

Tous les xérès sont à l'origine des vins secs. Les xérès doux sont créés par l'ajout de vins doux à base de pedro ximénez ou de moscatel. Pour les puristes, l'amontillado est un fino vieux (appelé pasada à Sanlúcar) qui a perdu sa flor et a commencé à vieillir par oxydation; la plupart sont des assemblages, demi-secs et moyennement foncés. Le palo cortado est un xérès qui a commencé sa vie comme un fino et qui a ensuite abandonné sa flor prématurément.

DOSSIER D'INFORMATION : Espagne

Vins fins Une scène qui évolue vite. Après un long élevage, les vénérables vins de Rioja (et le célèbre unico de Vega Sicilia) sont peaufinés par le temps avant leur mise en bouteille. En revanche, les vins modernes (tels que les vins de parcelle unique de Rioja, l'élite de Ribera del Duero et les chefs-d'œuvre tourmentés du Priorat) sont embouteillés jeunes et espèrent atteindre leur maturité dans les caves des collectionneurs. Les vins de Navarre et de Penedès les suivent de près. Les xérès les plus fins (surtout les assemblages traditionnels de vins de grand âge) sont aussi superbes, même s'ils coûtent beaucoup moins cher.

Vins plaisants Si vous avez le goût d'un rouge à la grandeur du mont Rushmore, l'Espagne vous offre un vaste choix de vins provenant de plus d'une douzaine de DO (telles que Jumilla, Calatayud et Cariñena). Par contre, si vous préférez les rouges très légers, rendus dociles par un long séjour en fûts de chêne (généralement américains), choisissez-les parmi les riojas les moins coûteux et les vins de Valdepeñas. L'Espagne manque de bons vins blancs secs, mais vous offre des blancs doux fortifiés à bon prix, souvent à base de moscatel, provenant de Valence ou d'ailleurs.

Forces nationales Puissance, chaleur, valeur et innovation.

Faiblesses nationales De nombreux vins sont encore à l'état d'ébauche, et se tenir au courant de la scène vinicole espagnole, qui progresse rapidement, demande de la recherche. Certains accueillent favorablement l'utilisation des cépages internationaux avant les cépages indigènes, tandis que d'autres ont le sentiment qu'elle obscurcit l'authenticité de l'Espagne. Certains vins espagnols (surtout ceux qui sont dans des bouteilles lourdes) sont exagérément chers.

ÉTAPE 13
LIEU : Amérique du Nord

Les vignes poussent dans les cinquante États américains ainsi que dans quatre provinces canadiennes. Elles prospèrent mieux dans les États de la côte ouest, où un grand océan apaise la brise hivernale, maîtrise les caprices d'un printemps continental vicieux et atténue les rigueurs d'un automne ravageur. Partout où l'ingéniosité humaine peut amener la *Vitis vinifera* à fécondité, il y aura un Américain ou un Canadien prêt à vivre le rêve.

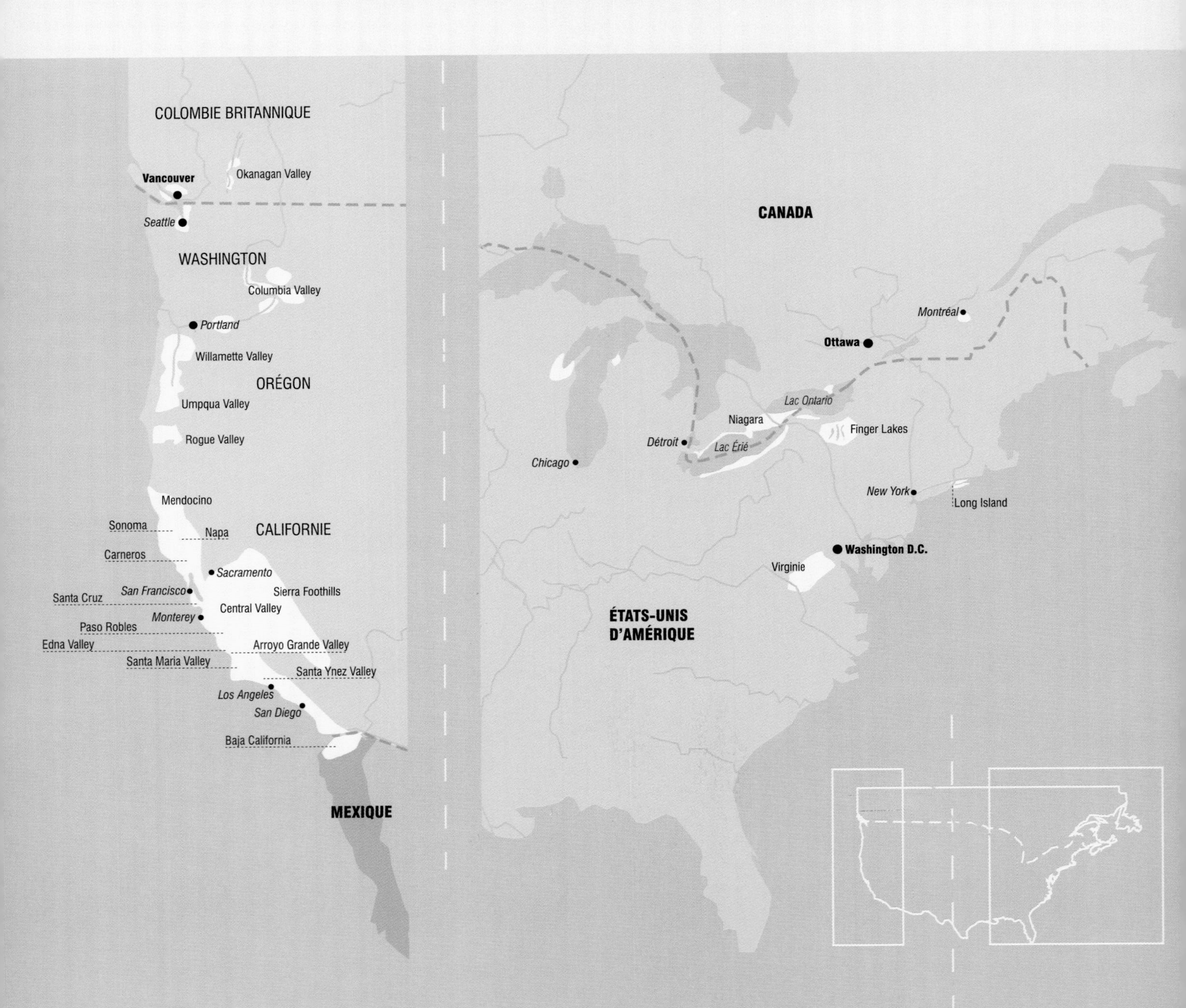

2001
bernet Sauvign
NAPA VALLEY

LA CREMA
2006 PINOT

Californie

La Californie domine la production de vin nord-américaine; sous sa lumière dorée, elle donne naissance à neuf bouteilles de vin américain sur dix. Ici, la quantité de lumière que reçoivent les vignes n'est pas, comme en Europe, une question de latitude. Il faut plutôt se tourner vers l'océan. Le courant de Californie se déplace de la Colombie-Britannique (Canada) à la Basse-Californie (Mexique). Ce courant froid associé aux vents dominants du nord-ouest crée un contraste thermique avec l'air chaud du continent. Le fameux brouillard californien s'élève alors et vient envahir les terres, tel un tsunami silencieux.

Généralement, plus un vignoble est près de la côte, plus les matins seront brumeux et plus ses vins seront frais. C'est le cas d'Anderson Valley et de Russian River Valley, au nord de San Francisco. Cependant, d'autres sites frais se trouvent beaucoup plus au sud, comme Edna Valley et Arroyo Grande près de San Luis Obispo, ou encore Santa Rita Hills dans la Santa Ynez Valley près de Los Angeles. À l'intérieur des terres, des vignobles tels que ceux de Central Valley ou des Sierra Foothills sont torrides; leurs vins peuvent figurer parmi les plus riches du monde. Dans les zones centrales de Napa Valley, en particulier, on retrouve toutes les nuances de vins. Grâce à la chaleur et à l'éclairement exceptionnel d'un été long et généreux, le cabernet sauvignon se bâtit une carrure et une musculature parfaites. Les vignes de Rutherford, Oakville et Stags Leap bénéficient de sols bien drainés, composés de loams, graviers et poussières, parfois d'origine volcanique, qui apportent de la complexité et de la puissance aux vins. Les vallées de Sonoma présentent une variété de vins aussi complexes que les sols et les sites qui les composent.

En Californie, une autre distinction s'impose. C'est ici que se trouvent quelques-uns des vinificateurs les plus soigneux et talentueux du monde, comme en témoignent l'originalité et l'authenticité remarquables de leurs gammes grandissantes de vins. La qualité a un prix, et celui de ces vins est généralement élevé. Aucun pays hors de l'Europe ne se lance dans la quête des grands terroirs avec autant de zèle que l'Amérique. Pourtant, la Californie est aussi l'endroit où l'on produit les vins les plus ternes, les plus insipides et les plus insidieusement sucrés de la planète. Ne jugez pas la Californie par ses grandes marques.

La plupart des vins californiens sont vendus sous les noms des cépages et, pour chacun d'eux, la Californie a forgé un style distinctif. Nous avons déjà mentionné le succès du cabernet, mais le chardonnay réussit très bien aussi.

EXERCICE Comparez un chardonnay et un pinot noir du nord de Sonoma avec des vins équivalents de bourgogne. Notez les saveurs riches et la texture soyeuse du chardonnay californien, et la pureté et la rondeur du pinot californien. Les bourgognes seront moins charnus, parfois plus pointus, mais peut-être plus vineux et plus fins.

EXERCICE Goûtez un zinfandel de vieilles vignes des Sierra Foothills. Cherchez le goût sucré de mûre accentué par la haute teneur alcoolique.

EXERCICE Comparez un cabernet sauvignon de Napa Valley avec un médoc du Bordelais. Notez l'opulence, la densité et la richesse du vin de Napa, à côté duquel même le plus costaud des pauillacs ou des saint-julien semble relativement gracieux et rafraîchissant.

EXERCICE Comparez un syrah de la Central Coast californien avec un shiraz australien. Notez l'équilibre du vin californien, plus souple et détendu, ainsi que son fruité plus léger et parfumé.

EXERCICE Beaucoup de vins californiens excitants et réputés sont maintenant obtenus par assemblage. Comparez-en deux ou trois avec des vins de cépage équivalents de la même région. Vous pourriez trouver les vins d'assemblage plus complexes.

CI-CONTRE Voici un pinot doté d'une générosité californienne typique : bouche de baies mûres, ronde et souple. Même un bourgogne ne réussit pas cet exploit. Nous sommes chanceux d'avoir les deux.

QUALITÉS APPRÉCIÉES

Vins californiens

- La gamme étendue et la richesse des saveurs des blancs.
- La densité, la puissance et l'assurance des rouges.
- Leur grande diversité.
- La volonté des plus grands viticulteurs de respecter la terre et le ciel, en ne déformant pas l'équilibre naturel de leurs vignes.

CI-CONTRE La lumière qui nourrit est constante, mais jamais les contours des sols de Sonoma ne se répètent. Les dentelles de mousse qui pendent des chênes se perlent de gouttelettes de brouillard.

Il est à l'occasion un mets en soi; riche, lactique, d'une douceur persistante. Mais le meilleur chardonnay réunit une texture riche, des saveurs amples et nuancées, et une belle assurance; il est plus enveloppé que n'importe quel vin européen, mais tout aussi complexe, tridimensionnel et satisfaisant. Le sauvignon blanc a moins d'assurance. Son style se rapproche toujours plus des fruits bien mûrs du sauvignon de Bordeaux que de la minéralité austère de son équivalent de la Loire, ou de la forte odeur végétale et de fruit de la passion de celui de Nouvelle-Zélande. Le viognier est un débutant qui promet. Le pinot noir se défend plus que bien, grâce à la fraîcheur des régions côtières. Encore une fois, les dimensions fondamentales du pinot californien le placent dans une classe différente de celle du meilleur bourgogne, mais son assurance, son parfum et sa finesse restent fidèles à ses idéaux. Selon plusieurs, les conditions californiennes conviennent mieux aux cépages de la vallée du Rhône et d'Italie qu'à ceux du nord de la France. Ainsi, les cépages rouges syrah, mourvèdre et sangiovese, ainsi que les cépages blancs marsanne et roussanne, y prospèrent tous.

C'est à Zinfandel, bien sûr, que la Californie produit son vin emblématique. Seuls les plus riches des shiraz australiens peuvent se comparer aux zinfandels vieilles vignes californiens. Le secret de leur extravagance réside dans la maturité. Le zinfandel représente un haut pourcentage des plus vieilles vignes californiennes, comme c'est le cas de la shiraz en Australie. La concentration, l'intensité et parfois les taux alcooliques intimidants des vins issus de ces octogénaires peu productives, qui puisent leurs nutriments, par exemple, dans les granites décomposés et les couchers de soleil languissants des Sierra Foothills, font de ces vignes l'équivalent pour le buveur de la dynamite pour un prospecteur d'or.

Oregon, État de Washington et le reste des États-Unis

EXERCICE Comparez un pinot noir de Willamette Valley de l'Oregon avec un bourgogne rouge village de Côtes de Nuits; et un pinot gris de Willamette avec un d'Alsace. Quelles sont les similarités? Les différences? Vous pourriez trouver plus de nervosité dans le bourgogne et une saveur plus profonde de fruit et de sucre dans le pinot gris alsacien. Essayez les deux avec un mets pour voir comment les choses changent.

EXERCICE Comparez un merlot de l'État de Washington avec un merlot de Californie. Recherchez la profondeur, la vivacité et la définition dans le premier, et la texture et le style de fruit plus doux dans le second. Peut-on confondre les deux avec un pomerol? Si non, pourquoi?

EXERCICE Comparez un syrah de Washington avec un syrah argentin de Mendoza. Lequel est plus frais, plus dense, plus parfumé?

QUALITÉS APPRÉCIÉES

Vins d'Oregon et de l'État de Washington

- La subtilité et la sobriété du pinot d'Oregon, du chardonnay et du pinot gris.
- L'intensité et l'impact des merlot et syrah de l'État de Washington.

CI-CONTRE L'été est plus vert dans la région des Finger Lakes de l'État de New York qu'en Californie. Le domicile des hybrides abrite maintenant des variétés classiques.

L'Oregon est le plus européen des paysages viticoles américains. C'est une terre de vallons, de ciels changeants et de cultures mixtes, de feux automnaux et d'abondantes haies vives. Quand les ombres de l'été s'allongent, les vignerons (les grandes compagnies évitent l'Oregon) scrutent le ciel avec anxiété, espérant qu'il ne pleuvra pas durant les vendanges. Comme en Bourgogne, leurs espoirs sont souvent déçus.

Vous pouvez deviner le reste, même si vous n'avez jamais goûté à un vin de l'Oregon. Oubliez les gros canons de Californie. À côté d'eux, les meilleurs vins de l'Oregon ont l'air de mannequins; ils sont frais, de texture fine, subtils, et ils portent à la réflexion, mais les pires sont ternes, durs et acerbes. Le pinot noir fait l'objet d'une recherche continue; ses succès ont tardé à naître. Grâce à sa puissance aromatique, le pinot gris assume peu à peu le rôle de «blanc en chef», au détriment du chardonnay. Les choses changent, bien sûr. Tout ce qui précède s'applique à Willamette Valley, au sud de Portland. À présent, les vignobles commencent à apparaître dans les vallées plus chaudes d'Umpqua et de Rogue, plus près de la frontière californienne. Le cabernet d'Oregon est maintenant viable.

Washington est un environnement viticole féroce, grandiose et légèrement inquiétant. Quelques vignes sont cultivées autour de la pluvieuse Seattle, mais la grande majorité des vignes de l'État se trouvent à 300 km ou plus de l'océan modérateur. Les hivers apportent toujours le gel et parfois la mort; les étés sont brûlants. Les précipitations sont dérisoires et les collines sont arides et dénudées, jusqu'à ce que les goutteurs se mettent en marche. C'est un pays en hauteur : la chaleur fuit devant la nuit comme un serpent à sonnette. Dans ce climat, les vignes donnent naissance à des vins mouvementés qui font écho au mendoza du nord de l'Argentine. Attendez-vous à des couleurs profondes, une acidité vive et des saveurs puissantes. Le chardonnay et le merlot se taillent une place au soleil grâce à la syrah, suivie de près par le cabernet et le riesling. Les cowboys ne buvaient pas de vin, mais s'ils l'avaient fait...

À l'est du pays, les Finger Lakes de l'État de New York ont une longue histoire de viticulture; deux tiers des vignes plantées sont indigènes d'Amérique ou des hybrides. La culture du riesling et du chardonnay y est toutefois possible. Long Island est une terre de découverte : North Fork et les Hamptons se fondent dans l'Atlantique avec une douceur qui rappelle le médoc. Après tout, Long Island est à la latitude d'Istanbul. Dans cette région, les cépages de Bordeaux bénéficient d'une longue saison pour s'épanouir en vins civilisés.

Le fait que la Virginie soit aujourd'hui le cinquième État le plus peuplé de vinifera réjouirait Thomas Jefferson, qui a travaillé dur pour reproduire du pauillac à Monticello. Le phylloxéra qui a anéanti ses efforts est maintenant disparu, mais le climat subtropical de Virginie demeure tout un défi. Des petits vins légers et vifs récompensent ceux qui le relèvent avec succès.

DOSSIER D'INFORMATION : États-Unis

Vins fins Les vins fins américains se classent dans trois catégories. 1) Les vins de renom : parfois de vignobles bien établis des régions classiques, particulièrement Napa Valley, ayant fait leurs preuves; 2) Les vins de terroir : ceux qui s'évertuent à exprimer la profondeur distinctive de leur site, où qu'il se trouve; 3) Les vins cultes : ceux qui ont obtenu des notes de dégustation éblouissantes, surtout de la part de Robert Parker. Il y a des grands vins dans chaque catégorie, avec quelques chevauchements entre eux. Les grandes valeurs pour le prix se situent généralement dans la catégorie médiane, surtout parmi les vins qui commencent à se faire connaître.

Vins plaisants Le nombre de vignobles en concurrence aux États-Unis préfigure autant de plaisirs à venir pour les amateurs de vins. Recherchez les vins issus de cépages moins connus, comme les blancs arneis et marsanne ou le rouge petite syrah, et les vins de nouveaux vignobles dans des régions qui changent vite, telles que l'État de Washington et la Central Coast de Californie. Évitez les grandes marques, dans lesquelles le plaisir est souvent forcé.

Forces nationales Exubérance, chaleur et palette de saveurs, combinées à la passion pour la découverte de nouveaux terroirs; nouvelles expressions et nouveaux niveaux de succès.

Faiblesses nationales Un occasionnel amour du pouvoir pour le pouvoir chez les producteurs de vins fins. Sucrosité et platitude dans les vins de grandes marques.

EXERCICE Comparer un eiswein allemand avec un vin de glace canadien est un exercice coûteux, mais une gorgée de l'un ou l'autre vaut son pesant d'or. Ne vous attendez pas à une grande subtilité, profitez plutôt des sensations uniques.

EXERCICE Les chardonnays ontariens sont l'un des vins qui confondraient vos amis amateurs dans une dégustation à l'aveugle. Leur intensité et leur retenue ressemblent à celles des vins européens, bien que l'utilisation du chêne et la gamme de saveurs soient quelque chose de vraiment différent.

QUALITÉS APPRÉCIÉES

Vins canadiens

- Le fait qu'ils existent.
- La qualité formidable des vins de glace.
- La retenue, la fraîcheur et le bon accord avec les mets des meilleurs blancs et rouges.

CI-CONTRE Des raisins à moitié moisis et gelés ne semblent pas très prometteurs, mais attendez d'en goûter le vin de glace qui en résulte. L'hiver complète ainsi le travail de l'été.

Canada

Deux provinces dominent la production de vin canadienne : l'Ontario et la Colombie-Britannique. La prospérité de leurs vignes dépend de l'eau, pas tant pour l'irrigation (bien qu'au Canada, comme dans l'État de Washington, certaines soient plantées en région aride) que pour la capacité de l'eau à tempérer la rudesse des hivers canadiens. Dans ce climat rigoureux est né le style de vin qui fait la renommée du Canada. Le vin de glace.

L'Ontario détient le plus grand nombre de vignobles (environ 7000 hectares, soit beaucoup plus que l'Oregon). Ses vignes sont cultivées dans la bande étroite qui s'étire de l'ouest à partir des chutes Niagara, entre le lac Érié au sud et le lac Ontario au nord. Ces vastes masses d'eau emmagasinent la chaleur de l'été jusqu'au cœur de l'automne, permettant ainsi la maturation du cépage hybride vidal et des variétés de *Vitis vinifera*. L'escarpement du Niagara et les températures générées par les Grands Lacs créent des brises qui combattent les maladies fongiques en été et les attaques du froid en hiver. Néanmoins, les régulières gelées hivernales, qui frappent du nord comme une massue, permettent la production de vins qui sont des spécialités rares et occasionnelles en Allemagne, mais courantes et annuelles au Canada.

Les baies demeurent sur les vignes jusqu'à ce qu'elles soient gelées à la vendange. La partie aqueuse de leur jus reste dure comme la pierre, tandis que leur essence aigre-douce s'égoutte dans les cuves et que le parfum d'un été disparu remplit l'air froid de la cave. Les vins de glace qui en résultent, blancs ou rouges, sont électrisants de sucre et d'acidité.

Il y a davantage de vignes sur la rive nord du lac Érié, mais de nouveaux vignobles s'étendent aussi le long de la rive nord du lac Ontario, dans les sols de calcaire du comté du Prince-Édouard. (Les vignes sur le côté sud du lac Érié sont américaines.) L'Ontario est plus qu'une productrice de vin de glace, comme le démontrent ses nouveaux vignobles, où le pinot noir, la syrah et le cabernet franc peuvent tous prospérer. C'est toutefois le chardonnay qui, jusqu'à maintenant, a été le cépage le plus fructueux pour les vins de table ontariens, réussissant parfois à atteindre le type de résonance tendue qui définit les bourgognes blancs.

À l'ouest, en Colombie-Britannique, la vallée de l'Okanagan qui se faufile vers la frontière au sud fait pour les Rocheuses ce que le lac Léman fait pour les Alpes : elle permet assez de chaleur et de lumière réfléchie pour amener le chardonnay, le merlot, le Gewurztraminer et d'autres variétés de *vinifera* à une maturité fraîche, vive et rafraîchissante. Le style de vin de l'Okanagan tend à être plus fruité et plus exubérant que celui de l'Ontario. Il y a d'autres vignobles dans la vallée de la Similkameen. Sur l'île de Vancouver, un éventail de cépages exotiques hybrides s'est ajouté au pinot gris et au pinot noir. Les vins portant la mention «cellared in Canada» sont des assemblages de vins importés et de vins locaux.

DOSSIER D'INFORMATION : Canada

Vins fins Les grands vins de glace, surtout ceux à base de riesling. Certains syrahs, assemblages de bordeaux et chardonnays sont prometteurs.

Vins plaisants Tous les autres.

Forces nationales La fraîcheur et la vivacité.

Faiblesses nationales Les pires vins de glace peuvent être vulgaires et rugueux; les pires vins de *vinifera* peuvent être étrangement parfumés et creux.

ÉTAPE 14
LIEU : Amérique du Sud et Mexique

Peu d'endroits dans le monde moderne semblent aussi prédestinés à produire du vin que le Chili et l'Argentine, et ce, grâce à la clémence de leur climat et à leurs grands réservoirs d'eau de fonte des neiges. Jusqu'à maintenant, seules des vignes faciles à cultiver ont été plantées sous un soleil vif, dans des loams profonds irrigués par simple gravité. Toutefois, l'ère de la viticulture difficile commence sur des pentes rocheuses plutôt sèches, dans des climats plus frais. Qui sait ce qui se prépare pour l'avenir ?

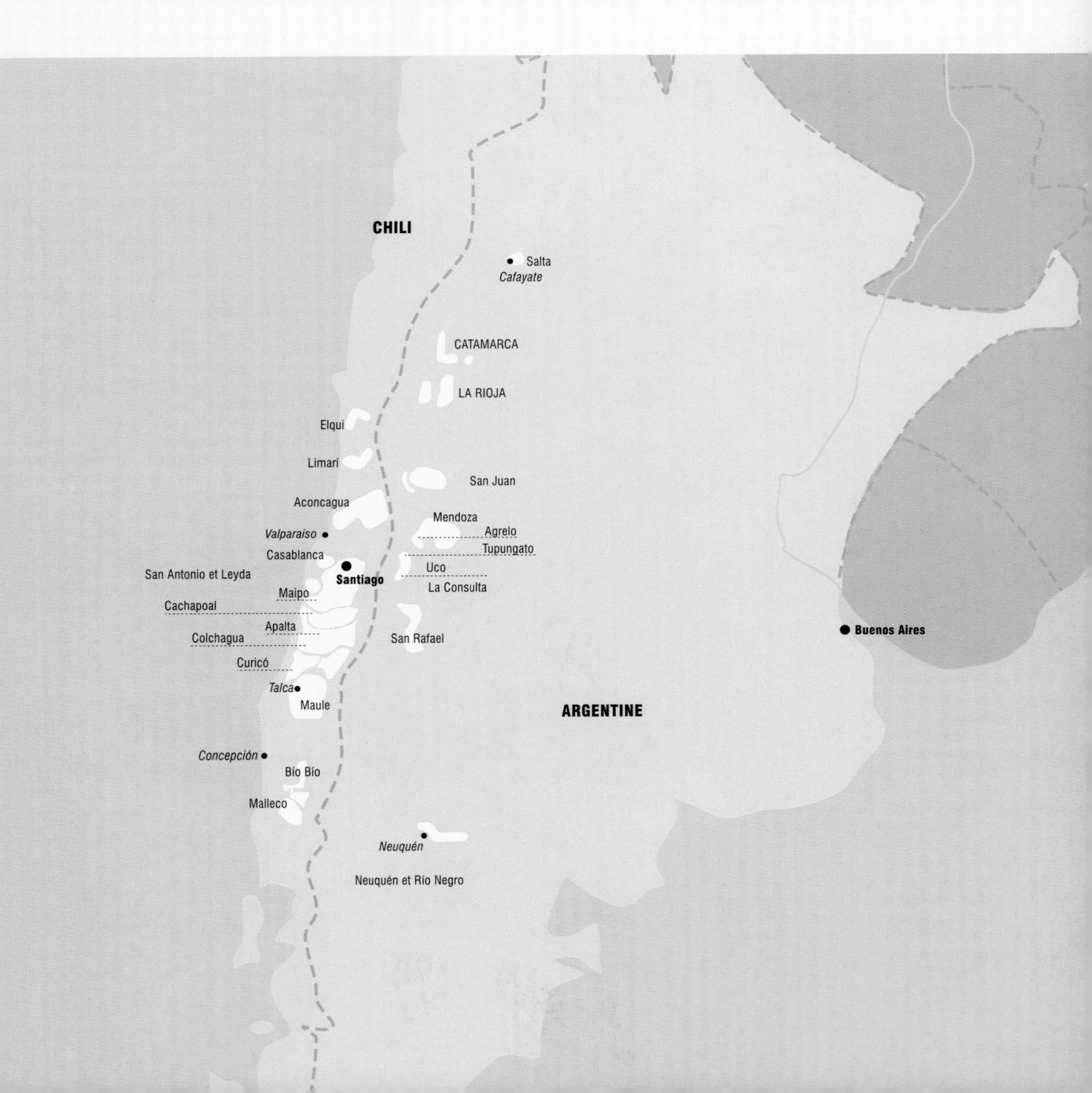

WEINERT
MALBEC
GRAN VINO
1997
LUJAN DE CUYO - MENDOZA
RED WINE • VINO FINO
BODEGA Y CAVAS DE
PRODUCTO DE ARGENTINA

VIÑA
CONCHA Y TORO

Chili

Le Chili est un enfant doué. De toutes les nations viticoles, aucune n'a autant d'aptitudes inhérentes à la viticulture que le Chili central. La vigne y pousse facilement, sous le ciel bleu d'une beauté monotone; peu de maladies la touchent. Ses vins ont une sorte de rondeur affable, avec un sucré intrinsèque de fruits et des tanins duveteux. Comment ne pas les aimer? Entre Santiago et Concepción, les vignobles des plaines au bas des Andes engendrent de charmants cabernets sauvignons au goût de cassis et des merlots pleins de douceur évanescente. Valeur et plaisir : quoi demander de plus, sinon quelques blancs agréablement frais?

C'était justement le désir du Chili de produire des blancs à la hauteur de ses délicieux rouges qui a ajouté une page à son histoire viticole. À partir de 1982, la quête a mené à l'implantation de nouveaux vignobles dans la vallée de Casablanca, entre Santiago et le port de Valparaíso. Trop frais, ont dit les cyniques. Pourtant, cette région du Chili n'est pas différente de la Californie et ses brumes froides océanes; comme elle, il subit les effets des courants froids océaniques. Trop sec, ont dit les comptables. C'est vrai, l'eau ne vient pas de la fonte des neiges des Andes, mais de trous de forage onéreux. Mais la qualité du chardonnay et du sauvignon blanc de Casablanca a tôt fait de démontrer aux sceptiques qu'ils avaient tort. Jadis, Casablanca était connue pour ses laitues. Plus désormais.

Depuis, le Chili a agrandi son répertoire de vins, présentant souvent des spécimens impressionnants. Tout le monde a entendu parler des Andes, mais seuls ceux qui visitent le Chili découvriront une autre chaîne de montagnes, plus vieille, plus érodée, appelée la Chaîne côtière. Les vignes plantées sur le versant côtier de cette chaîne donnent des vins d'une grande fraîcheur (Leyda et San Antonio), tandis que celles sur le versant intérieur offrent des vins plus minéraux et plus subtils. Les pentes des Andes, jonchées de boulders, sont maintenant explorées pour leur potentiel viticole. Au nord et au sud, les cultures risquées commencent à être rentables. Au nord, les vignobles de Limarí et d'Elqui, situés en altitude, produisent des vins spectaculaires, grâce aux nuits froides qui apportent un équilibre vivifiant. Au sud, à Bío-Bío et Malleco, des cépages tels que le pinot noir, le chardonnay et le riesling prennent des nuances fraîches et tendues. Tendues? Pour un vin chilien? Comme les choses changent.

Le répertoire des cépages s'est enrichi lui aussi. Ce qu'on prenait pour du merlot était en fait un vieux cépage bordelais, le carmenère, qui donne un vin foncé, vif, au fruité velouté. Le carmenère est devenu le cépage emblématique du Chili. Aucun pays producteur de vin sérieux ne peut ignorer le pinot. Le Chili a maintenant le sien et ses résultats sont encourageants. Comme la plupart des sols chiliens sont composés de granites décomposés, il n'est pas surprenant que la syrah soit en émergence. Certains des vins chiliens les plus ambitieux sont des assemblages composés des meilleures vieilles vignes des plaines et des vignes plus jeunes et modernes plantées en altitude. En résultat, le doux fruité qui caractérisait les vins chiliens est maintenant accompagné de profondeur, de mâche et d'assurance. Finalement, les schémas climatiques actuels laissent penser que le Chili sera moins affecté par le réchauffement planétaire que ses rivaux de l'hémisphère Sud.

EXERCICE Comparez un sauvignon blanc de Casablanca avec un sauvignon blanc néo-zélandais de Marlborough. Lequel est plus subtil et plus satisfaisant?

EXERCICE Comparez un bon vin de cépage carmenère, au fruité de mûre et à la faible acidité, avec un cabernet sauvignon, plus frais et plus croquant. (Aucun ne devrait avoir un arrière-goût végétal – un défaut typique du vin chilien.)

EXERCICE Comparez un rouge de Limarí avec un rouge de Maipo ou de Colchagua. Le premier aura un équilibre dynamique et l'autre sera plus souple et plein.

QUALITÉS APPRÉCIÉES

Vins chiliens

- La texture souple et le fruité doux des rouges.
- La vivacité et l'assurance grandissantes des blancs.
- Leur belle nature et convivialité.
- Le rapport qualité-prix.

CI-CONTRE, EN HAUT À GAUCHE Des sites nouveaux en climat frais, comme la vallée de Casablanca, ont donné naissance aux premiers grands blancs du Chili.

CI-CONTRE, EN HAUT À DROITE Ces collines sont le défi de l'avenir. Le travail y sera plus exigeant, mais les vins seront peut-être de classe internationale.

CI-CONTRE, EN BAS Les vignes d'Errazuriz, se délectant au soleil de la vallée de l'Aconcagua, sous la croix et le cactus.

Argentine

L'Argentine ressemble à un Tibet viticole, tant ses vignes poussent près du toit du monde. Ses vignobles sont situés à une altitude moyenne de 900 mètres et parfois à plus de 3000 mètres. Cependant, le paysage n'a rien d'alpin : planté en sol de loam et de sable profond, le vignoble typique argentin est presque aussi plat qu'une plage. Il trouve refuge sur les corniches et les replats sédimentaires, sous les sommets enneigés des Andes qui brillent sur l'horizon comme un mirage. La viticulture n'est possible à cette altitude qu'en raison de la très basse latitude. Un équivalent en hémisphère Nord serait un vignoble niché sur le massif de l'Atlas, dans le nord de l'Afrique (peut-être un jour).

Ces hauteurs sont-elles exprimées dans le goût du vin ? Oui, et vous pouvez même les visualiser. Le superbe pourpre sombre de plusieurs rouges argentins, combiné à leur équilibre d'acidité vive, témoigne des nuits froides qui tempèrent les excès de chaleur diurne. Les températures baissent de 20 °C la nuit. Les ciels sans nuages et l'air cristallin des journées d'été favorisent la maturation des baies, de sorte que peu de vins argentins sérieux ne terminent leur fermentation à moins de 13,5 ou 14 % vol. L'irrigation est toujours requise en raison des faibles niveaux de précipitations. Par ailleurs, la période de croissance n'est pas aussi sereine qu'au Chili. Les nuits de printemps peuvent être dangereusement froides, alors qu'en certains après-midi d'été, des cumulo-nimbus apocalyptiques se rassemblent au-dessus des Andes, telles des migraines dans le ciel. L'averse de grêle qui en résulte peut dévaster un vignoble en quelques minutes. Mais de tels risques en valent la peine : les meilleurs rouges argentins se distinguent par une assurance et une dignité que peu de vins de l'hémisphère Sud possèdent. C'est peut-être la raison pour laquelle les Bordelais ont investi dans la région de Mendoza plus que partout ailleurs dans cet hémisphère.

En effet, Mendoza est le Bordeaux d'Argentine. On y retrouve 70 % des vignobles du pays. Les grands vignobles sont situés près de la ville, sur des sols de graviers, d'alluvions et de sables. La vallée de l'Uco, au sud de la ville, devient une région viticole de plus en plus importante. Luján de Cuyo, Agrelo, Tupungato, Vista Flores, La Consulta : ce ne sont ni des diables ni des danseurs de tango, mais les sous-régions de Mendoza qui se battent pour leur réputation.

Loin de Mendoza, trois autres provinces offrent quelque chose de différent. Au nord, Salta est la région la plus haute d'Argentine; ses meilleurs rouges sont sombres, salins, presque déroutants d'intensité, et son Torrontés est l'un des blancs les plus parfumés du pays. Dans le fin sud, là où le continent se dissout dans la froideur et la furie du Cap Horn, s'étendent les vignobles Neuquén et Río Negro de Patagonie. Attendez-vous à des vins avec moins de chair sur les os et moins de brillance alcoolique sur les joues, mais avec un fruité d'une grande finesse.

Le malbec est le roi des cépages rouges argentins, bien que les bonarda, sangiovese, barbera et tempranillo, ainsi que les inévitables cabernet et merlot, soient largement plantés. Le pinot noir (ou negro) donne des résultats prometteurs en Patagonie. Dans ce pays de mangeurs de viande, les blancs sont moins bien établis, à part le Torrontés apéritif. Néanmoins, de grands efforts sont centrés sur le chardonnay.

EXERCICE Comparez un malbec de Mendoza avec un cahors français. Un fruité vif sera probablement plus notable dans la version argentine, tandis qu'une profondeur minérale sera plus présente dans la version française.

EXERCICE Les vins d'assemblage argentins vous permettent de faire des comparaisons entre le sangiovese argentin et le chianti italien, et entre le tempranillo argentin et le ribera del duero espagnol.

EXERCICE Comparez un Torrontés de Salta avec un muscat sec du pays d'Oc. Lequel offre un nez plus parfumé ? Lequel est plus plaisant en bouche ?

QUALITÉS APPRÉCIÉES

Vins argentins

- La vivacité et la profondeur des plus grands malbecs.
- La vaste gamme de cépages rouges.
- Le bon accord avec les mets des rouges.
- Le rapport qualité-prix.

CI-CONTRE Un rêve bordelais dans la lointaine Mendoza : voici les vignobles modernes de Clos de los Siete, juchés dans la vallée de l'Uco, où le savoir-faire de Pomerol s'illustre dans la contrée sauvage aride subandine.

Le reste de l'Amérique du Sud et le Mexique

L'Uruguay est la seule nation sud-américaine se trouvant entièrement sous le tropique du Capricorne. Les conditions de culture des vignes plantées sur ces terres basses, humides et maritimes diffèrent beaucoup de celles des vignes perchées sur les hauteurs désertiques d'Argentine ou du Chili. Le cépage principal est le tannat (alias harriague), qui a débarqué au pays avec les immigrants basques et y est resté depuis. Il donne des baies plus juteuses et moins dures qu'à Madiran, en France, et se mélange volontiers à d'autres cépages, dont le merlot.

La plupart des vignobles brésiliens sont situés juste au nord de la frontière uruguayenne. Les pluies diluviennes, historiquement, ont encouragé la culture d'hybrides. Mais l'implantation de vignobles le plus au sud possible, ou à défaut dans les hautes montagnes plus au nord, a donné naissance à des cépages classiques aux accents purement brésiliens. Dans le Brésil tropical, tout comme en Thaïlande, la gestion soigneuse de certains cépages permet de produire deux vendanges annuelles de raisins de cuve acceptables.

Le Pérou est la seule autre nation sud-américaine dont les vins suscitent plus que la curiosité. Bien que la latitude soit la même que celle d'Addis Abeba, en Éthiopie, la viticulture est possible grâce aux brises et aux brumes côtières générées par le courant froid de Humboldt. Les vins de muscat distillés entrent dans la fabrication du pisco – un brandy blanc aromatique du Chili, du Pérou et de la Bolivie, appelé d'après la ville du même nom sur la côte péruvienne. Le pisco domine la production, bien que le répertoire habituel de vins de cépage soit en hausse.

Retournons dans l'hémisphère Nord. Comme le Pérou, le Mexique est principalement un pays producteur de brandy. Grâce aux courants froids qui longent son littoral, la longue péninsule de Baja California convient mieux à la viticulture que sa latitude ne le suggère. Le Mexique peut produire des vins rouges étonnamment solides, issus de la petite syrah, du nebbiolo et de cépages internationaux habituels.

DOSSIER D'INFORMATION : Amérique du Sud

Vins fins Il y a 20 ans, l'Amérique du Sud ne produisait aucun vin. Et de nos jours, des vins «icônes» fortement parfumés couronnent la gamme de vins des producteurs chiliens et argentins. Ce sont en général des vins d'assemblage, embouteillés dans de lourdes bouteilles, dont le prix traduit bien leur ambition. Certains sont trop élaborés et, bien qu'impressionnants, laborieux à boire; d'autres (surtout ceux à base de cépages vieilles vignes) évoquent une grandeur et une profondeur authentiques. Mais ce sont cependant l'origine régionale (ou le vignoble) et la demande du marché qui créeront les icônes du futur. Le vin chilien continuera à séduire par ses arômes charmants, ses contours arrondis et sa souplesse, tandis que les rouges argentins resteront plus profonds, plus denses et plus musclés.

Vins plaisants Les vins de bonne qualité issus de cépage clé de chaque pays : le cabernet sauvignon et le carmenère du Chili ainsi que le malbec et le torrontés d'Argentine. Les vins issus de la syrah, plantée plus récemment et qui prospère dans les deux pays; les vins blancs dont la qualité s'améliore vite; et les vins rosés de couleur profonde du Chili et d'Argentine.

Forces nationales La richesse, la générosité, la douceur de l'équilibre et la valeur.

Faiblesses nationales Les pires rouges du Chili sont caractérisés par un goût végétal, herbeux, et les pires blancs par un style artificiel. Les pires vins d'Argentine sont faits grossièrement et ont un style frustre, souvent accentué par un caractère réduit.

ÉTAPE 15
LIEU : Australie

L'Australie forme les vinificateurs les plus scientifiquement lettrés du monde. Personne ne met des vins en marché aussi efficacement que les Australiens. Grâce à une eau abondante, la majorité du continent est propice à la viticulture mécanisée, sans problèmes. En outre, la présence de certaines des plus vieilles vignes de la terre permet à l'Australie de produire des rouges d'une intensité sans pareille. Les succès récents de ce pays reposent sur ces quatre fondations. Les grands vignobles, toutefois, sont l'avenir.

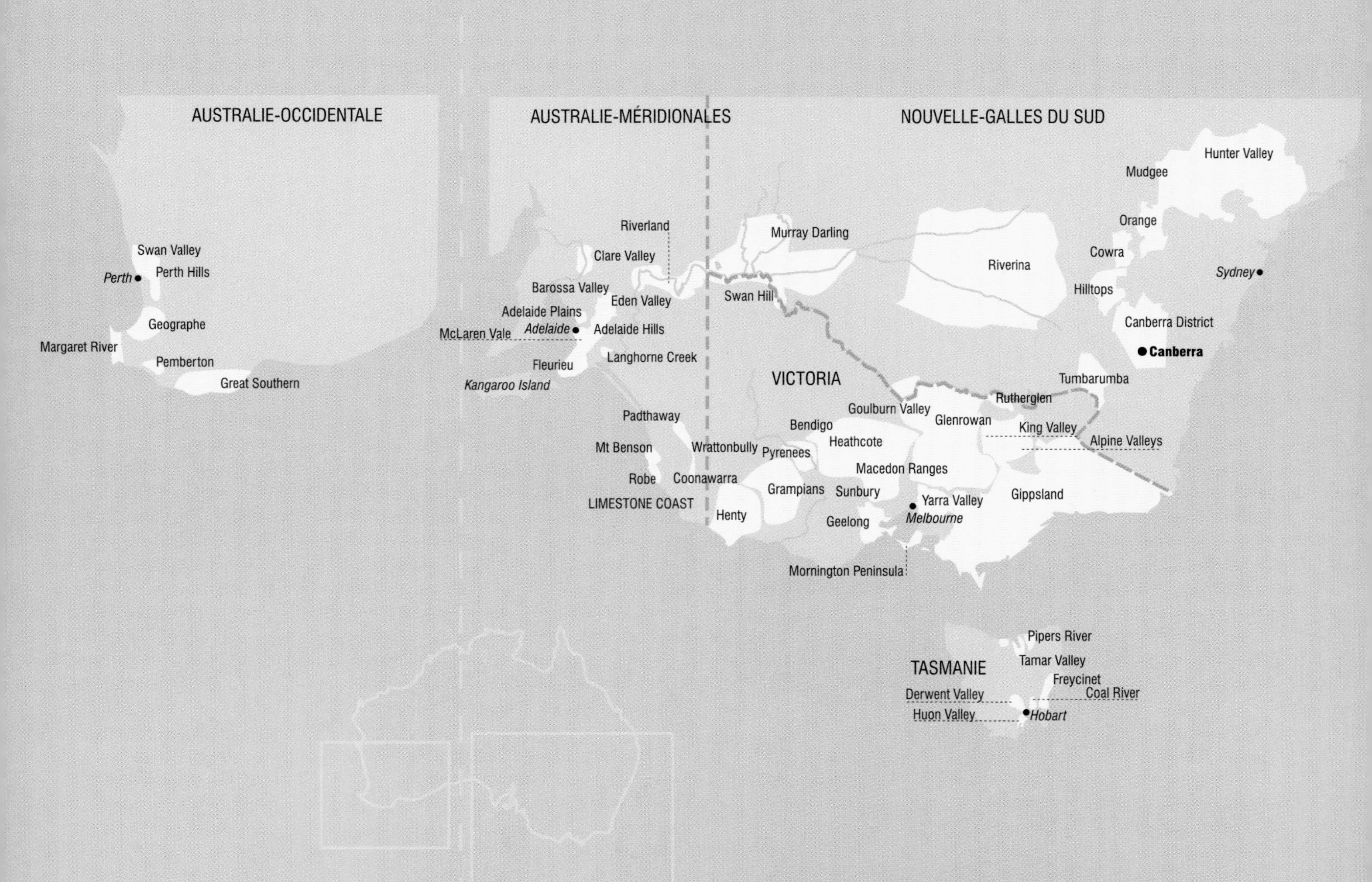

NEXT
4 km

Victoria

L'Australie est un continent vide bordé d'une côte habitée. Des cinq États australiens, Victoria est le plus petit et le plus au sud, le plus humide et le plus densément peuplé. La Cordillère australienne (Great Dividing Range) s'étend vers le nord à partir de Victoria. Il n'y a pas d'effrayants espaces vides ici; la campagne est paisible mais occupée, ses terres cultivées représentant 60 % de sa surface. Les vignobles entrecoupent une succession d'enclos à moutons et de champs de blé. À l'échelle australienne, Victoria est le pays des petits producteurs. L'Australie-Méridionale, sa voisine, peut produire deux fois plus de vins, tout en détenant deux fois moins de vignobles qu'elle.

De cette mosaïque viticole, des caractères et des styles régionaux commencent lentement à émerger. Commencent? Les premiers sont apparus pendant la ruée vers l'or du XIXe siècle : les vins doux et mutés (*stickies*) de Rutherglen et de Glenrowan, dans le nord chaud de l'État, issus de vignes poussant le long des berges du Murray et marquant la frontière entre Victoria et la Nouvelle-Galles du Sud. Faits de muscat et de muscadelle, ces vins uniques au monde sont des titans en armure que la chaleur et les années d'élevage en fûts ont adoucis en vins d'une grandeur onctueuse. Au sud du Murray, la terre s'élève vers les Alpes victoriennes; Beechworth est le royaume des chardonnays les plus accomplis d'Australie et King Valley, un centre d'élevage de cépages innovateur.

Dans la région de Victoria, qui s'étend vers l'ouest, les vignobles de Goulburn Valley, d'Heathcote, des Pyrenees et des Grampians présentent des sols aussi variés que les nuances climatiques liées à l'altitude et à l'orientation. Les shiraz de ces régions n'ont pas la puissance sucrée et l'amplitude qui définissent ceux de Barossa Valley ou de McLaren Vale en Australie-Méridionale; toutefois, on y retrouve plus de subtilité, de nuances et d'expressions du terroir. À mon avis, les meilleurs shiraz incarnent l'archétype des rouges australiens : complexes, allusifs et équilibrés, gorgés de senteurs de la brousse au crépuscule. La marsanne donne un autre vin de spécialité, riche et parfumé de mauve.

Un peu plus au sud, l'altitude s'élève par incréments et la température baisse. De ce fait, plusieurs des meilleures matières brutes de vin effervescent proviennent des endroits les plus frais de Victoria, tels que le sud de Henty ou les chaînes de Strathbogie et de Macedon juste au nord de Melbourne. Finalement, c'est dans la ceinture viticole autour de la ville que l'on peut trouver certains des pinots noirs et chardonnays australiens les plus finement sculptés. Geeklong sur la baie de Port Phillip, la mâchoire maritime de la péninsule de Mornington et, surtout, la vallée ondulante du Yarra au nord-est de la ville, constituent, au présent, une sorte de Côte d'Or australienne disloquée, dont les meilleurs vins sont dotés d'assurance et de vivacité. Les vins de shiraz (de plus en plus assemblés avec un peu de viognier) et les vins mousseux sont d'autres spécialités de Yarra. Les étrangers présument parfois que tous les vins de ce pays sont lourds comme des trains routiers. Si vous désirez découvrir une Australie plus légère, plus fraîche et plus assurée, allez du côté de Melbourne.

EXERCICE Comparez un pinot noir de la péninsule de Mornington ou de la vallée du Yarra avec un pinot noir de Nouvelle-Zélande et de Bourgogne. Tout dépend du millésime et du producteur, mais dans bien des cas, les exemples victoriens seront à mi-chemin entre le charme fruité de la Nouvelle-Zélande et le mordant, la vigueur et la nervosité du bourgogne.

EXERCICE Comparez un marsanne de Victoria avec un assemblage dominé par la marsanne du Rhône septentrional français. La version australienne aura sans doute plus d'exubérance, de profondeur et de caractère que l'exemple français, généralement plus souple, plus doux et plus subtil.

EXERCICE Comparez un bon shiraz de Heathcote, des Pyrenees ou des Grampians à un équivalent de même prix de Barossa ou de McLaren Vale d'Australie-Méridionale. Voyez celui que vous préférez sans repas, puis avec un repas. Avec la nourriture et le temps, le vin victorien peut impressionner davantage, mais peut-être pas initialement.

QUALITÉS APPRÉCIÉES

Vins victoriens

- L'équilibre et l'individualité du shiraz victorien.
- La fraîcheur et l'assurance du chardonnay et du pinot noir.
- La remarquable valeur et qualité des mousseux.
- La magnifique concentration et la personnalité des *stickies*.

CI-CONTRE Un début d'été humide à Yarra. Les vignobles de Yeringberg ont bâti la renommée de la région au XIXe siècle.

EXERCICE L'Australie-Méridionale offre une belle gamme de shiraz. Comparez la richesse du shiraz de Barossa et de McLaren Vale avec la pureté poivrée de celui de Clare Valley et la force minérale de celui du Mount Barker.

EXERCICE Comparez le cabernet de Coonawarra avec le cabernet de Napa; vous verrez que «Australie» n'est pas nécessairement synonyme de «massif».

EXERCICE Savourez un riesling de Clare Valley ou d'Eden Valley avec une salade-repas. Voilà un excellent accord mets-vin.

EXERCICE Essayez l'un des remarquables shiraz mousseux d'Australie-Méridionale. Ce vin unique au monde est incroyablement bon.

QUALITÉS APPRÉCIÉES

Vins d'Australie-Méridionale

- Le caractère généreux, suave, extravagant et délicieusement fruité du shiraz de Barossa et de McLaren Vale.
- Le parfum fin et pur de cassis du cabernet et du merlot de Coonawarra et de Wrattonbully.
- Le fruité tropical, le mordant et la minéralité du riesling d'Eden Valley et en particulier de Clare Valley.
- La finesse et l'élégance des vins des Adelaïde Hills.

CI-CONTRE L'aridité des collines inquiète les viticulteurs d'Australie-Méridionale, pour qui les sécheresses durables sont la pire menace.

Australie-Méridionale

Les producteurs de cet État viticole vinifient chaque année presque la moitié de tous les raisins du pays. Toute cette activité est confinée dans un fragment de la surface de l'État : une grappe de régions viticoles regroupées autour de sa capitale, Adelaïde. En excluant l'Australie-Occidentale, le sud-est de l'Australie couvre 98 % des terres viticoles du pays.

Pensez à l'Australie et Barossa Valley surgit. La région des meilleurs vins australiens est celle du nord-est d'Adelaïde. Ici, «Valley» n'évoque pas le paysage spectaculaire de la Moselle allemande, celui de la Côte rôtie française ou celui du Doura portugais; il s'agit plutôt de collines onduleuses pas plus hautes qu'un oreiller sur un lit. Un sol de loam et sable profonds, ainsi qu'une chaleur éclatante et sèche, alimentent les vignes de shiraz centenaires qui forment le centre d'attraction de Barossa. Une longue saison de pouponnage amène la shiraz à une maturité sans égale. Souvent agrémentées de la douceur aromatique du chêne américain, ses baies produisent un vin rouge-noir de texture presque sirupeuse et de saveurs extraordinairement riches. Bien que voisine, Eden Valley est plus haute et plus venteuse, et son sol renferme plus de gravier. Sa shiraz est plus fraîche et de style plus chantant, tandis que son riesling produit des vins secs, forts et purs qui vieillissent bien. Au nord-ouest de Barossa et d'Eden, la Clare Valley plus pierreuse produit un riesling superbement parfumé, serein et structuré; selon moi, ce sont les vins blancs les plus fins d'Australie. Le savoureux shiraz et le cabernet font l'attrait de Clare Valley.

La région d'Adelaïde comporte à la fois des collines et des plaines, soit deux zones très différentes. Les plaines sont chaudes et loameuses, tandis que les collines sont suffisamment fraîches pour produire un chardonnay élégant et de belle assurance, faisant un bon vin de base pour les mousseux. Dans les collines, on passe de Mount Lofty, le domaine du sauvignon blanc, à Mount Barker, où naissent certains des shiraz les plus «rhônesque» d'Australie. Bien qu'adouci par la brise, le temps se réchauffe à l'approche de McLaren Vale, dont le champion poids lourd shiraz peut mettre K.-O. celui de Barossa. Le grenache juteux et le cabernet chocolaté sont d'autres spécialités. Langhorne Creek, qui s'étire des rives du lac Alexandrina, est le fief des vins rouges plus riches, tandis que la péninsule de Fleurieu et l'île de Kangaroo, dans l'océan austral, ont encore une histoire jeune. Leur douceur maritime promet beaucoup.

Bien au sud d'Adelaïde, Coonawarra et les régions voisines, telles que Wrattonbully, Padthaway et Mount Benson, sont la continuité de la Côte de calcaire (Limestone Coast). Le sol rouge reposant sur de la calcrète blanche, combiné aux conditions fraîches d'élevage, créent un cabernet et un merlot parfumés, vivifiants et sveltes ainsi qu'un shiraz vraiment énergique mais savoureux : ce sont les caractéristiques de Coonawarra. Wrattonbully offre des possibilités encore plus étendues. Finalement, beaucoup plus au nord, au point d'entrée du fleuve Murray en Australie-Méridionale, un quart des vignes d'Australie est cultivé chaque année, l'irrigation le permettant, dans les vignobles de Riverland. De quoi alimenter les grandes entreprises en quête de vins joyeusement frais.

Le reste de l'Australie

Sydney est comme un aimant convivial qui attire les visiteurs et les expose aux vins australiens, notamment à ceux de Hunter Valley, au nord de la ville. C'est une situation un peu étrange, car Hunter Valley, en tant que région viticole, ne devrait même pas exister : ici, la pluie abondante se met à tomber pendant la véraison des raisins. En réalité, personne ne devrait implanter de vignobles subtropicaux dans un pays où il y a autant de régions bénéficiant d'étés secs. Si Hunter Valley n'était pas si près de Sydney, aucune vigne n'y pousserait.

Hunter Valley a tout de même une raison d'être. L'Australie est le leader mondial en assemblages interrégionaux, et une minorité non négligeable des vins vendus par les vineries de Hunter sont issus de vignes cultivées ailleurs. Le chardonnay riche et la shiraz d'intensité moyenne sont indigènes de la région, au même titre que le sémillon distinctif de Hunter Valley. Vendangé avant sa maturité, il produit un vin sans intérêt dans sa jeunesse, mais qui acquiert un caractère à la fois singulier et envoûtant en vieillissant. Des vignobles côtiers se trouvent au nord et au sud de Sydney, respectivement Hastings River et Shoalhaven Coast. Leurs vignes, qui doivent se battre contre les étés humides, donnent des vins qui sont peu exportés.

C'est dans les hauteurs de la Cordillère australienne que se joue sans doute l'avenir des vins fins de la Nouvelle-Galles du Sud. Hormis Hunter Valley, Mudgee est la plus ancienne région viticole de l'État; son nom aborigène évocateur signifie «niché dans les collines». Ses sols de loams et son climat, plus sec et plus frais que celui de Hunter Valley, permettent la production d'une gamme classique de vins australiens moyennement corsés. Au sud, à une altitude plus basse, Cowra se distingue par son chardonnay beurré. Près de là, Hilltops est plus reconnue pour son apport de raisins que pour sa mise en bouteille. C'est aussi le cas de Tumbarumba, isolée dans la super fraîcheur des montagnes, dont les raisins viennent en renfort de certains des meilleurs mousseux et vins blancs de grandes marques. En temps utile, Tumbarumba produira certainement de grands blancs issus de parcelles uniques. De son côté, la région élevée et venteuse d'Orange traduit l'importance des sols et du climat plus éloquemment que partout ailleurs, en offrant une gamme de rouges et de blancs frais et élégants.

Les vignobles du Territoire de la capitale australienne, créé au début du XXe siècle pour faire taire les querelles entre Sydney et Melbourne, ont fait mentir leur réputation de ruches monotones de fonctionnaires, en produisant des shiraz de style rhodanien déconcertants (on y a ajouté un tourbillon excitant de viognier dans certains d'entre eux) ainsi que des pinots noirs et des rieslings surprenants. Le mécanisme politique fait en sorte que la majorité des terres viticoles se trouvent en dehors du Territoire de la capitale. À l'intérieur, on ne peut que louer des terres, d'où son nom Canberra District – en mettant l'accent sur «District».

Du point de vue de la quantité, la Nouvelle-Galles du Sud est représentée par les vins de Riverina, Swan Hill et Murray Darling, qui font écho à ceux de Riverland d'Australie-Méridionale. La chaleur, l'irrigation et la mécanisation permettent de remplir des millions de caisses chaque année, bien que les menaces omniprésentes de sécheresse et de salinisation des sols puissent le cas échéant mettre un frein à ces activités industrielles.

EXERCICE Comparez un cabernet de Margaret River avec un cabernet de Coonawarra. Ce dernier pourrait avoir plus de pureté aromatique, mais celui de Margaret River sera sans doute plus convivial et satisfaisant. Essayez de mélanger les deux, dans le meilleur esprit australien.

EXERCICE Goûtez un chardonnay d'Orange, d'Adelaïde Hills et de Tasmanie. Lequel confondra le plus les amateurs de bourgogne ?

EXERCICE Comparez un mousseux de Tasmanie avec un champagne. Vous pourriez trouver plus de saveurs fruitées dans le vin tasmanien, mais plus de finesse moelleuse dans le champagne. Remarquez toutefois l'équilibre et le profil similaires des vins.

EXERCICE Comparez un pinot noir de Tasmanie avec un pinot noir de Yarra Valley, et tentez de distinguer les différences.

CI-CONTRE Les feuilles de zinfandel et les galets ferrugineux forment une sonate d'automne en Australie-Occidentale. À l'heure qu'il est, les vignes sont à l'abri dans les cuves et les tonneaux.

QUALITÉS APPRÉCIÉES

Vins d'Australie-Occidentale

- Leur délicatesse et leur sens de la litote, qualités encore inhabituelles dans le contexte australien.
- L'équilibre, la convivialité et le potentiel de garde des cabernets et des assemblages de cabernet-merlot.
- Le caractère multicouche des meilleurs chardonnays.
- Les fruits tropicaux et les agrumes frais des vins blancs d'assemblage.

Vins de Tasmanie

- La fraîcheur et le caractère pénétrant des mousseux.
- La pureté, la fraîcheur et l'assurance naturelles des meilleurs pinots noirs.
- Le succès étonnant du cabernet et du merlot des régions les plus chaudes.

CI-CONTRE Tasmanie immaculée. Ces vignes de Pipers Brook, destinées à la production de mousseux, font la photosynthèse de la lumière solaire qui traverse l'air le plus pur qu'un vignoble puisse avoir. Et cela paraît. Le défi consiste à maintenir les saveurs fruitées du vin.

L'Australie-Occidentale ne produit qu'un pourcentage infime du vin national, ce qui n'empêche pas ses vins de figurer en nombre disproportionné en haut de la liste, sur le plan des médailles, des superlatifs et des valeurs aux enchères.

Margaret River, la région la plus importante, est surtout connue pour son cabernet. Oubliez l'acidité perçante et la définition pointue des vins de Coonawarra. Ici, le climat a la douceur d'une nourrice, mais les brises marines et les hivers doux sont un défi, car les vignes ne dorment qu'à contrecœur. Il en résulte des vins chaleureux, calmes et d'une saveur ronde et sucrée distinctement australienne. La présence de gravier et les températures très comparables à celles de Bordeaux expliquent sans doute pourquoi le cabernet de Margaret River vieillit si bien. Le chardonnay, ample et multicouche, arrive tout juste deuxième derrière le cabernet. Les vins d'assemblage à base de sauvignon blanc, sémillon et chenin blanc sont d'une fraîcheur de lime éclatante. Par ailleurs, le sémillon utilisé en monocépage donne de meilleurs résultats ici que partout ailleurs dans le pays. Et le shiraz de Margaret River, avec son fruité d'intensité moyenne, ressemble plus à une Spice Girl qu'à un lutteur sumo.

Dans le reste de l'Australie-Occidentale, les vignobles sont aussi éparpillés que des îles dans le Pacifique, ce qui rend leurs styles difficiles à généraliser. La plupart, toutefois, sont à une heure ou deux des vastes masses d'eau de l'océan Austral (prochain arrêt : l'Antarctique) et de l'océan Indien (prochain arrêt : Madagascar). Cette proximité de la mer entraîne des hivers doux et des étés chauds, plutôt que torrides, dont l'influence s'imprime en délicatesse dans les vins, faisant fi des règles de typicité des cépages. Ainsi, dans les sous-régions de la vaste zone appelée Great Southern (le Grand Sud), vous pouvez trouver un riesling piquant, un shiraz poivré, un pinot parfumé et un verdelho tropical.

Dans la région de Perth, la capitale de l'État, le climat est beaucoup plus chaud que dans le sud exposé aux vents; en fait, Swan Valley est l'un des sites viticoles les plus chauds d'Australie (pas surprenant que les cygnes soient noirs). La région a eu un passé glorieux en production de vins blancs, mais son avenir pourrait s'apparenter à celui de Hunter Valley : un centre accueillant des touristes d'un jour, à qui l'on verse un vin issu de vignes provenant d'ailleurs.

Oui, le Queensland a des vignobles, la plupart étant regroupés autour de Brisbane. Les plus prometteurs toutefois sont ceux de la région de Granite Belt, à la frontière de la Nouvelle-Galles du Sud, qui s'est fait un nom grâce à son shiraz et à son cabernet, tous deux vendangés tard dans la saison.

Le potentiel de la Tasmanie est énorme. Étant donné ses complexités et défis géographiques, l'évolution de ses vignobles ne fait que commencer. Le relief brut de l'île semble propice à la production de vins blancs et de mousseux. Pourtant, un cabernet fin australien mûrit tout en nuances dans Coal River Valley en Tasmanie du Sud. Peu importe l'endroit, presque tout paraît possible sur cette île-joyau complexe, en particulier lorsque le répertoire de cépages s'agrandit (que donneraient le petit manseng, le grüner veltliner ou le furmint ?). Ce sont toutefois le pinot noir, le mousseux et les blancs aromatiques qui, en ces années d'innovation, dominent la production au nord et au sud de la Tasmanie. Le vent, le gel et la pluie rendent précieux les sites protégés, surtout quand il faut amener à pleine maturité les cépages destinés à la confection de vins tranquilles. Recherchez les vins de Tamar Valley, de Coal River Valley et de l'amphithéâtre de Freycinet; le pinot le plus mûr ainsi que le cabernet et le merlot défieront toutes vos attentes.

DOSSIER D'INFORMATION : Australie

Vins fins Les rouges australiens les plus musclés, dont plusieurs de Barossa Valley et de McLaren Vale, ont attiré l'attention du monde entier. Ces vins sont élaborés à partir de vieilles vignes, dont la vinification comprend des extractions poussées et une utilisation généreuse de chêne américain et français. Ce sont les caractéristiques du vin que l'on retient, plutôt que l'origine exacte du vignoble. Remarquez aussi que l'Australie est le seul pays dont certains des vins les plus fins sont des assemblages de cépages de diverses régions, par exemple, le célèbre Grange de Penfold. Cependant, ce sont les vins de parcelles uniques et ceux de petits producteurs, d'un style plus délicat, qui gagnent en réputation. La recherche d'un site de grand vignoble est maintenant la clé pour ceux qui tentent de créer les vins les plus fins d'Australie.

Vins plaisants L'océan de vins de grandes marques australiens est fondé sur le principe du plaisir. Parmi eux se trouvent plusieurs styles indigènes, tels que les shiraz mousseux et les *stickies*, qui combinent la grandeur et le plaisir d'une manière toute australienne. L'attrait des rouges les plus riches d'Australie réside sans doute dans le fait que, contrairement à de nombreux vins fins, ils permettent à l'amateur de se régaler les yeux, la langue et le nez sans aucune retenue.

Forces nationales Exubérance, variété en hausse, valeur, constance.

Faiblesses nationales Plusieurs rouges australiens sont gâchés par des ajouts exagérés d'acide. De plus, l'importance qu'on accorde aux paramètres techniques de vinification dans les vineries du pays fait en sorte que beaucoup de vins sont semblables. Les caractéristiques régionales ou du site sont souvent effacées dans le processus de vinification. La viticulture peut manquer de minutie.

ÉTAPE 16
LIEU : Nouvelle-Zélande

La Nouvelle-Zélande ressemble à deux vaisseaux de pierre, verts et luxuriants, ancrés dans le Pacifique au terme d'un voyage de 80 millions d'années. C'est le seul pays de l'hémisphère Sud à connaître une vocation de vin blanc. Aucun autre pays de cet hémisphère n'a produit un sauvignon blanc de renommée internationale. Aucun autre pays de cet hémisphère n'a découvert que le cépage rouge de choix était le pinot noir, très courtisé mais souvent dédaigneux. Jadis, la laine, les moutons et le beurre bon marché composaient l'image de ce pays. À présent, le vin a rendu cette image sexy.

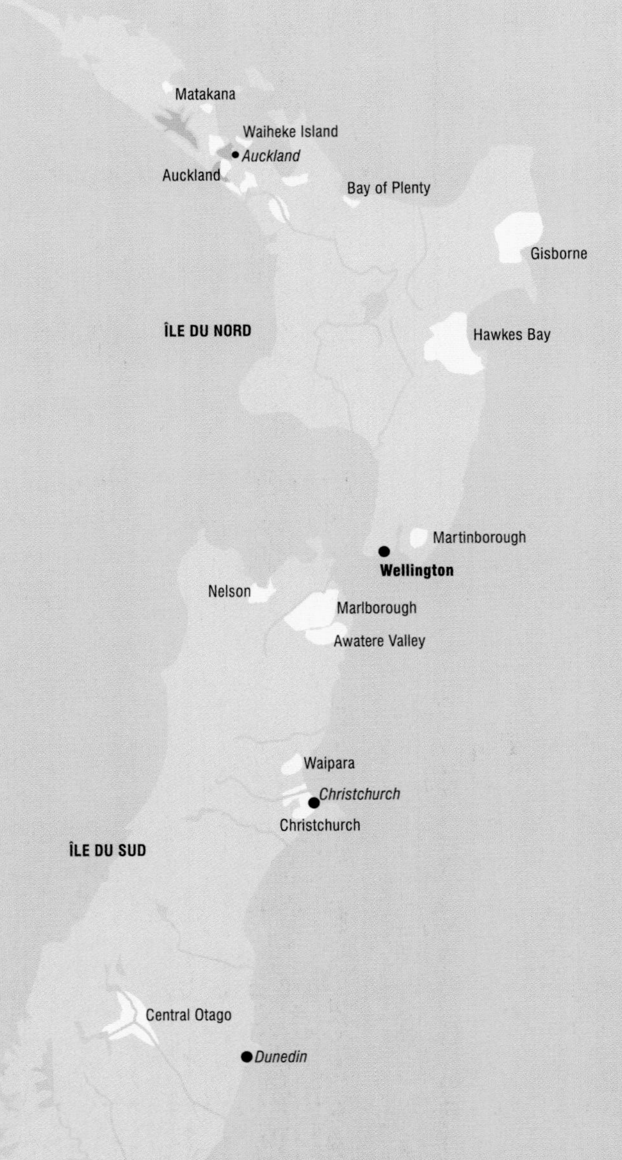

Île du Nord

C'est dans l'île du Nord de la Nouvelle-Zélande, sous la gouverne d'un missionnaire nommé Mardsen, que la vocation viticole du pays est née, sept ans après la retraite de Moscou de Napoléon. Toutefois, la viticulture sérieuse n'a commencé qu'un siècle plus tard, à l'arrivée des immigrants dalmates et libanais. Auckland, ainsi que la région qui s'étend jusqu'au nord de l'île du Nord, ne sont pas idéales pour la viticulture; comme à Hunter Valley, en Australie, la chaleur subtropicale et les pluies d'été contrarient les vignerons. Mais contrairement à Hunter Valley, ces régions peuvent produire un chardonnay d'une somptuosité unique à la Nouvelle-Zélande, pourvu qu'on y mette les efforts. Les lieux les plus secs, situés à l'extrême est, peuvent générer des cabernets sauvignons et des merlots dénués du goût herbeux qui a tant hanté d'autres variétés kiwis. L'île de Waiheke, à distance de traversier de la capitale, est l'un des meilleurs endroits où découvrir des assemblages de bordeaux et des rouges à base de syrah équilibrés et francs. Sur l'île principale, les vignobles de Matakana et de Cleveland sont prometteurs. Un peu plus au sud, Waikato (ou la baie de Plenty) produit un exubérant chardonnay, bien que ce soit à Gisborne, plus à l'est, que plusieurs des vinificateurs néo-zélandais se consacrent d'abord et surtout à leur chardonnay. Malgré la possibilité de pluies fâcheuses de fin d'été et d'automne, la chaleur généreuse de l'été mène les baies à une maturité pleine et douce comme une crème anglaise. Le gewurztraminer, d'un caractère inhabituellement convaincant, représente un autre atout.

Hawkes Bay représentait la valeur sûre de Nouvelle-Zélande, jusqu'à l'ascension fulgurante de Marlborough dans l'île du Sud. Elle demeure toutefois la deuxième plus grande région viticole du pays et celle dont les variations des sols et du climat permettent le plus grand éventail d'expressions dans ses vins. Bien qu'on y produise un chardonnay finement sculpté et modelé, l'attention se tourne désormais vers les vins de pinot gris, de merlot et de syrah. De leur côté, les sols de gravier de Gimblett, un ancien lit de rivière abandonné il y a un siècle et demi après une violente inondation, ont retenu l'attention de ceux qui connaissent les vertus des fameux bancs de gravier du Médoc bordelais. Les résultats à Gimblett sont encourageants. En outre, les vingt et une autres variétés de sols de Hawkes Bay préfigurent une évolution excitante des vins.

À l'extrémité sud-est de l'île, Martinborough était la région où s'est amorcée la tradition du pinot. Cette région s'est agrandie et s'appelle maintenant Wellington. Quant à Martinborough, elle est devenue une zone de Wairarapa, l'unique district viticole officiel de Wellington. (La France n'est peut-être pas si compliquée après tout.) Le climat agréablement frais, surtout la nuit, les longs automnes secs et le potentiel des sols de gravier sont autant de facteurs favorisant la culture des vignes. Les pinots de Wairarapa n'ont pas le charme spontané de ceux de Central Otago, mais les meilleurs ont une texture et une profondeur de fruits noirs qui leur apportent une réelle distinction. Le sauvignon blanc et le pinot gris donnent tous deux des vins blancs divertissants.

EXERCICE Comparez un chardonnay de Kumeu, près d'Auckland, avec un chardonnay de Gisborne et de Hawkes Bay. Vous pourriez trouver de la vivacité et de l'assurance dans le vin de Hawkes Bay, un fruité riche et crémeux de citron dans celui de Gisborne et des textures superposées dans celui d'Auckland.

EXERCICE Comparez un pinot noir de Martinborough avec un bourgogne rouge village (comme un gevrey-chambertin ou un nuits-saint-georges). Essayez de faire cette dégustation à l'aveugle (bouteilles enveloppées dans du papier d'aluminium ou cachées dans des sacs) et voyez si vous pouvez les identifier.

EXERCICE Comparez un sauvignon blanc de toute région de l'île du Nord avec un sauvignon blanc de Marlborough. Lequel préférez-vous? Lequel est meilleur pendant un repas?

QUALITÉS APPRÉCIÉES

Vins de Hawkes Bay

- L'équilibre de fraîcheur et de succulence des chardonnays.
- La pureté et la vivacité du merlot (ou des assemblages à base de merlot) et des vins de syrah, surtout ceux issus de vignes cultivées dans le gravier de Gimblett.

Vins de Martinborough

- La texture, la profondeur de fruits noirs et la convivialité du pinot noir.

CI-CONTRE Le pinot noir et le sauvignon blanc s'abreuvent de lumière dans les vignobles de Te Muna Road dans le Craggy Range près de Martinborough. Pas étonnant que les meilleurs vins de Nouvelle-Zélande aient ce caractère pénétrant.

Île du Sud

EXERCICE Dans le monde des vins, le sauvignon blanc de Marlborough se compare essentiellement au sancerre ou au pouilly-fumé (ou au simple sauvignon de Touraine) de France. Ces vins sont visiblement issus du même cépage et devraient être mémorables, chacun à sa façon. Comparez deux ou trois sauvignons de Marlborough et vous pourriez avoir des difficultés à les différencier. Cela vaut aussi pour deux ou trois sancerres. Blâmez le cépage.

EXERCICE Un bon pinot noir de Central Otago se compare à un bourgogne rouge. Il y aura généralement une saveur fruitée plus évidente dans le pinot de Central Otago, mais lequel a le plus de finesse et de profondeur ?

QUALITÉS APPRÉCIÉES

Vins de Marlborough

- La fraîcheur, le dynamisme et le mordant du sauvignon blanc.
- La nervosité et la profondeur du pinot noir.
- La qualité prometteuse des mousseux.

Vins de Central Otago

- La pureté énergique du fruité dans le pinot noir.

CI-CONTRE Le sauvignon des vignobles de Cloudy Bay bénéficie de la dernière technologie de vendange mécanisée, dont ces tracteurs qui travaillent en parfait synchronisme. La croissance explosive de Marlborough rend l'usage de machines obligatoire.

En 1973, on a planté la première vigne à Marlborough. Aujourd'hui, la région produit plus de la moitié des vendanges annuelles de la Nouvelle-Zélande. Elle démontre l'importance du terroir comme nulle autre dans le monde du vin. Le sauvignon blanc est le cépage qui a révélé son potentiel. Qu'arrive-t-il quand sauvignon rencontre Marlborough ? Une sorte d'explosion de verdure : des arômes et saveurs fortement herbeux, mêlés de lime, de pointes d'asperge, de purée de groseille. Une exubérance aromatique et une vitalité savoureuse d'une telle grandeur ne peuvent être ignorées et difficilement contestées. Aucune autre région ne peut reproduire ces conditions de climat et de sol; aucune autre région ne peut donner un sauvignon d'une saveur identique. Telle la découverte d'un filon d'or ou d'un gisement de pétrole, la prospection du sauvignon de Marlborough a gratifié cette région de pâturages d'une prospérité subite. Mais contrairement à une veine de minerai de fer et à une réserve de combustible fossile, cette prospérité pourrait durer. (Mais le réchauffement planétaire a toujours son mot à dire.)

Marlborough ne convient-elle qu'au sauvignon ? Au début sans doute, mais plus à présent. De nos jours, cette prospérité viticole est soutenue par un chardonnay svelte et persuasif; un pinot noir au profil moderne; un riesling finement travaillé, aux arômes de fruits du verger européen plutôt que de fruits tropicaux comme en Australie; et des vins effervescents d'une excitante complexité, à base de chardonnay svelte et de pinot moderne. Comme à Hawkes Bay, les sols sont immensément variés, avec l'importance du gravier en toile de fond. En outre, l'extension des activités viticoles de la vallée principale de Wairau à la vallée légèrement plus chaude d'Awatare, plus au sud, ouvre un nouveau chapitre d'un livre qui promet d'être long.

À l'ouest de Marlborough, Nelson est plus humide et ses vins n'ont pas connu un succès constant, bien que ses rieslings et ses sauvignons puissent être très bons. Plus au sud, les vignobles de Canterbury sont concentrés dans deux zones, l'une plus fraîche, Christchurch, et l'autre plus chaude, Waipara, au sol de calcaire. Leurs pinots noirs et chardonnays sont parfois prometteurs.

Si Marlborough devait avoir une rivale, ce serait Central Otago. Dans cette belle région isolée, majestueuse et immaculée, la trace de l'homme sur le paysage se montre discrète. Marlborough jouit d'un climat maritime, se traduisant typiquement par une longue saison de culture et un automne doux et chaud, alors que Central Otago, en bas des montagnes, est caractérisée par un été continental plus court. Plus court, certes, mais plus lumineux. En tout temps, la lumière de l'île du Sud est perçante, pure, entière, une lumière capable de blanchir un piquet de clôture en un seul été; Central Otago baigne littéralement dans une abondance de lumière aveuglante (la couche d'ozone est ténue ici). Il en résulte un pinot noir qui semble gicler de la bouteille et éclabousser le verre. Est-ce là un autre terroir de classe mondiale ? Le temps le dira, mais les premières lueurs sont encourageantes. Le pinot de Central Otago possède déjà cette assurance et cette beauté que les bourgognes ont peine à offrir avec régularité; ce qui manque encore au tableau, c'est la musculature de la pierre et une flamme intérieure.

DOSSIER D'INFORMATION : Nouvelle-Zélande

Vins fins Malgré son succès, le sauvignon blanc de Nouvelle-Zélande ne possède pas l'une des caractéristiques d'un «vin fin» : le potentiel de garde qui lui permettrait de s'épanouir en cave, pour devenir un vin encore plus moelleusement beau que dans sa jeunesse. Pour retrouver cette qualité, il faut se tourner vers les chardonnays, les assemblages de merlot-cabernet, les meilleurs syrahs et les pinots noirs – quoique tous soient encore dans une phase expérimentale.

Vins plaisants Le sauvignon de Marlborough est plaisant du début à la fin, le chardonnay de style Gisborne est rarement triste. Comme cépage, le pinot noir peut être moins amusant que d'autres, mais pas en Nouvelle-Zélande. Sauf dans quelques exemples filandreux et herbeux, les fruits occupent le devant de la scène. Et c'est ce qui rend le pinot plaisant.

Forces nationales Fraîcheur, vivacité, vibrance, netteté et énergie.

Faiblesses nationales Les vins de Nouvelle-Zélande peuvent être, littéralement, banalement bons et les amateurs de gros rouges décapants ne trouveront rien ici.

ÉTAPE 17
LIEU : Afrique du Sud

Le luxuriant manteau de vert et d'or est ponctué de sommets accidentés de grès et de plutons de granite arrondis qui semblent jaillir de la terre. L'air est si pur qu'il fait mentir les distances. Dans ce pays, le moteur de l'évolution a généré plus de 9600 espèces de fleurs foisonnantes. Que dire des cépages ? L'Afrique du Sud a l'avantage fondamental de pouvoir offrir à ses vignes le meilleur des deux mondes : l'élégance européenne et la générosité de l'hémisphère Sud.

Le centre de l'Afrique du Sud

L'histoire de l'Afrique du Sud se lit dans son paysage. Les fermes subventionnées du XVIIe siècle sont demeurées pratiquement inchangées. Les villages existent à peine, car les travailleurs locaux, de race noire ou de couleur, ont vécu sur ces fermes appartenant à des Blancs jusqu'à la fin du XXe siècle. L'imposante splendeur du paysage s'est bâtie sur cette séparation des humains par couleur de peau.

La viticulture, comme l'implantation européenne, a commencé à Cape Town, et le cœur de l'industrie du vin sud-africaine est à courte distance de Table Mountain. Tout près, on trouve à Constantia les vestiges de la ferme du deuxième gouverneur du Cap, le Néerlandais Simon van der Stel. C'est véritablement la cour arrière de Table Mountain caractérisée par le versant sous le vent de Constantiaberg : une région fraîche, nuageuse, humide où les blancs surpassent les rouges (les sauvignons blancs et les sémillons vieilles vignes sont tous deux extraordinaires). À Klein Constantia, on perpétue la grande tradition de vins de dessert du passé, à base de muscat de vendanges tardives. Cape Point est encore plus frais et venteux.

Le nom du gouverneur Stel survit à Stellenbosch, le cœur du pays, où une agglomération délabrée se fond dans une campagne immaculée. Paarl se trouve au nord de Stellenbosch et Somerset West au sud, en retrait des eaux de False Bay. Des fermes viticoles de splendeur épique occupent le paysage sous la houlette des grands sommets. Bien que la proximité de la mer apporte des brises fraîches, la majeure partie de cette région équivaut au bordelais en termes de chaleur d'été. La position exacte d'une ferme par rapport aux montagnes la distinguera toujours de ses voisines. À l'est de cette région, la petite vallée de Franschhoek se trouve coincée entre trois montagnes dans un radieux cul-de-sac. Dans tout le centre du pays, les vignobles les plus bas sont situés à 100 mètres à peine au-dessus du niveau de la mer, alors que les sommets peuvent atteindre 1700 mètres : de grands ingrédients pour une recette spectaculaire. Dans deux cents ans, on comprendra peut-être le potentiel des vignobles de ces régions aussi intimement que dans le Médoc ou la Bourgogne. Pour le moment, même les problèmes de virus de la vigne ne sont pas encore totalement résolus en Afrique du Sud. Quelques fermes, particulièrement à Franschhoek, prennent leurs raisins ailleurs et les assemblent chez eux.

Les meilleurs vins peuvent présenter des qualités recherchées. Des assemblages de bordeaux (cabernet-merlot et sémillon-sauvignon), tantôt puissants, tantôt savoureux, de style parfumé ou moelleux, sont une force évidente. Beaucoup d'efforts sont également mis dans le chardonnay qui peut être somptueux. Une passion s'est développée récemment pour la syrah ou shiraz qui, en monocépage ou en cépage d'assemblage, donne des vins impressionnants, en particulier ceux de Wellington, au nord de Paarl. Les deux types de vins traditionnels sont les pinotages rouges (au pire rugueux et caoutchouteux, au meilleur vigoureux, parfumés et intensément fruités) et les chenins blancs vieilles vignes caractérisés par leur belle mâche. Les vins de cépage sauvignon peuvent être bons, sur le modèle d'un graves plutôt que d'un vin de la Loire.

EXERCICE Comparez des assemblages de cabernet sauvignon et de bordeaux de Stellenbosch avec des vins similaires de Napa Valley. Les vins sud-africains seront en général plus légers et gracieux que les versions californiennes, puissantes et profondes.

EXERCICE Le meilleur sauvignon blanc de Constantia n'a pas encore l'assurance de son équivalent de Nouvelle-Zélande, mais il a le même charme frais et dynamique. Sa qualité peut varier considérablement d'un millésime à l'autre.

EXERCICE Dégustez deux ou trois pinotages différents avant de décréter que vous ne les aimez pas. Les meilleurs sont uniques. Ils ont du caractère et de l'exubérance; ils rafraîchissent et accompagnent bien les mets grillés sur le barbecue.

QUALITÉS APPRÉCIÉES

Vins du centre de l'Afrique du Sud

- La complexité intrinsèque, l'équilibre et parfois le potentiel de garde des vins d'assemblage de bordeaux rouges de Stellenbosch et de Paarl.
- L'arôme et la fraîcheur des blancs de Constantia.
- L'émotion et le caractère des chenins blancs vieilles vignes et des pinotages soigneusement vinifiés.

CI-CONTRE Les «perles» des collines de Paarl sont en fait des plutons de granite. Les vignes puisent leur nourriture dans les sols acides de granite usé par le temps, à l'instar des vignes du Rhône septentrional, mais jouissent d'un soleil plus généreux.

La diaspora sud-africaine

EXERCICE Comparez un sauvignon blanc de Darling Hills avec un sauvignon blanc d'Elgin. Le premier a généralement plus de charme, alors que le second est plus svelte et parfois plus profond.

EXERCICE Comparez des shiraz ou des assemblages de rouges des meilleurs producteurs de Swartland avec des équivalents de Stellenbosch. Voyez la chaleur langoureuse et la complexité des vins de Swartland par rapport au style plus peaufiné et international de ceux de Stellenbosch.

EXERCICE Dégustez un chardonnay de Robertson. Remarquez sa plénitude crémeuse et son caractère convivial.

EXERCICE Comparez un chardonnay ou un pinot noir de Walker Bay avec un équivalent français de bourgogne.

QUALITÉS APPRÉCIÉES

Vins de la diaspora

- Le sauvignon nouvelle vague de Darling Hills et d'ailleurs.
- Le rapport qualité/prix du chardonnay de Robertson.
- L'impressionnant shiraz, souvent présenté dans un style rhodanien plutôt qu'australien.
- La diversité des styles et des intérêts offerte par des régions telles que Swartland, Elgin et Walker Bay.
- La qualité de ses vins mutés, difficiles à trouver.

CI-CONTRE La verdure en hiver à Groote Post dans les Darling Hills : un bel endroit pour le sauvignon blanc aux saveurs fraîches.

À l'aube du XXIe siècle, l'histoire des vins de l'Afrique du Sud s'ouvre sur un nouveau chapitre de découvertes. Des régions viticoles autrefois dédaignées ou inconnues remportent subitement des concours de vins, ou dévoilent des vins de parcelles uniques extraordinairement bons; et les législateurs d'Afrique du Sud s'efforcent de rester à jour. Le centre de l'univers des vins, Stellenbosch, commence à perdre sa force gravitationnelle, alors qu'un nombre croissant de vignobles satellites orbitent autour de lui.

À l'ouest de Stellenbosch se trouvent Cape Town et l'Atlantique et au sud, l'océan Indien. Notre diaspora se situe donc au nord, au nord-est et au sud-est.

Swartland et ses districts voisins, au nord de Cape Town, sont de vieilles régions de production de vins en vrac qui dévoilent maintenant des trésors cachés. Groenekloof, dans les belles Darling Hills venteuses, propose un sauvignon blanc gorgé de fraîcheur bien dosée. Tygerberg (Philadelphia et Durbanville) produit des rouges lumineux. Mais ce sont les rouges chaleureux, réconfortants et complexes de Swartland, où les vignes sont cultivées à sec (sans aide d'irrigation), ainsi que les blancs d'assemblage à haut pourcentage de chenin vieilles vignes, qui ont fait naître la notion de terroir chez nombre de viticulteurs. Ces vins semblent posséder l'aisance et la douceur caractéristiques des vins français de la vallée du Rhône.

Tulbagh, une tranchée large et profonde ceinturée de montagnes, tire avantage des pentes et des hauteurs pour créer des rouges de type rhodaniens ainsi qu'un sémillon irrésistible. La petite enclave de Cederberg, dans une montagne tout au nord, démontre qu'au-delà de Stellenbosch, il existe non pas un monde viticole, mais tout un univers. Ses blancs racés et ses rouges multicouches, issus de vignes cultivées à plus de 1000 mètres d'altitude, invitent à la découverte des sites reculés.

Et le nord-est ? C'était l'ancienne piste de randonnée pédestre vers Kimberley, Johannesburg et Pretoria. Il n'est donc pas surprenant que ces régions viticoles, au climat chaud à très chaud, aient une certaine histoire. Worcester et Robertson sont les principaux noms à retenir. Le premier s'illustre par son volume, en détenant un cinquième des vignes du Cap, dont beaucoup sont destinées à la production de brandy. De son côté, Robertson produit un bon chardonnay et même du sauvignon. Les désavantages du climat sont remédiés en partie par la brise de mer, mais de façon plus significative par le calcaire, le sol de prédilection pour la vigne. Plus loin au nord-est, les vins mutés sont le point fort.

Le sud-est est très différent. De Somerset West au Cap Aghulas, les vignobles sont mis à l'épreuve et leur performance est en général bonne ou très bonne. Elgin, dans la région d'Overberg, et Walker Bay sont des noms associés à un chardonnay nerveux et aguichant, parfois doté de la plénitude d'un bourgogne; un sauvignon blanc tonifiant; et un pinot noir ambitieux. La shiraz, parfaitement adaptable, a aussi trouvé sa place, mais le nom syrah lui conviendrait mieux compte tenu de sa sveltesse.

DOSSIER D'INFORMATION : Afrique du Sud

Vins fins Les meilleurs vins d'Afrique du Sud, rouges et blancs, peuvent se mesurer aux plus grands vins internationaux sur le plan de la complexité, de l'équilibre, du raffinement et du potentiel de garde. Toutefois, la qualité inconstante des vins est un problème auquel sont confrontés à la fois les producteurs et les consommateurs. Stellenbosch et Swartland sont deux grandes régions où l'on peut trouver des vignobles remarquables. À Franschhoek, le savoir-faire des vinificateurs est mis en évidence dans leurs vins issus de raisins provenant d'ailleurs. Malgré le nombre louable de vins fins produits dans ses régions fraîches, l'Afrique du Sud n'a pas encore ce que les autres nations viticoles appellent des «icônes», soit des vins qui obtiennent avec régularité des prix élevés aux enchères et à la revente à l'étranger.

Vins plaisants La plupart des pinotages, des chardonnays et des sauvignons blancs font partie des vins plaisants d'Afrique du Sud. Sur le marché international, le pays offre toujours les meilleurs rapports qualité/prix dans la catégorie des vins blancs pas chers. Bien que certains producteurs utilisent l'humour dans leur stratégie de mise en marché, comme le Charles Back de Fairview, en général, on se prend plus au sérieux ici qu'ailleurs.

Forces nationales Équilibre, élégance et diversité.

Faiblesses nationales Quelques rouges râpeux et laids; quelques vins de climat frais d'une austérité ratée.

18

ÉTAPE 18
LIEU : Portugal

La côte ouest de la péninsule ibérique glisse rêveusement vers l'Atlantique dans une suite d'arômes et de saveurs d'une beauté étrange. Les vagues ont créé une histoire de grands vins mutés pour cette nation maritime; aujourd'hui, ce sont les vins non mutés, animés d'énergie minérale, qui attirent les amateurs. Des cépages locaux intrigants, un contexte géologique fabuleux et des ciels en perpétuel changement sont la garantie d'un avenir excitant pour les vins fins du Portugal.

Vins portugais

EXERCICE Goûtez un rouge à base de baga traditionnel et un dão rouge (les prix sont souvent intéressants), et voyez lequel vous préférez, seul ou avec un mets.

EXERCICE Goûtez un rouge d'Alentejo et remarquez ses textures douces comparativement à d'autres rouges classiques portugais.

EXERCICE Dégustez le meilleur douro rouge que vous puissiez vous offrir à une occasion spéciale. Laissez-lui amplement le temps de s'aérer.

EXERCICE Essayez une gamme de blancs portugais et attendez-vous à l'inattendu.

CI-CONTRE, EN HAUT Découpés dans le schiste au XIXe siècle, les vignobles étagés de Quinta de la Rosa sont absolument étourdissants.

CI-CONTRE, EN BAS Nul doute que la vallée du Douro, le pays du porto traditionnel, sera bientôt l'une des régions les plus réputées d'Europe pour ses vins de table.

Les amateurs de vin adorent le Portugal. Dans ce pays, rien n'est facile; en revanche, presque tout est gratifiant. Cépages ? Le Portugal peut quasiment rivaliser avec l'Italie au chapitre de la diversité et des arcanes. Cela vaut aussi pour les styles de vins : le Portugal a toujours tracé sa propre voie, au risque de dérouter plus d'un palais étranger. Croyez-moi, aucune première dégustation d'un vin ne rend plus perplexe que celle d'un vinho verde rouge : sombre, acide et tannique, et en même temps presque décharné; une expérience aussi déconcertante que courir nu sous une averse de grêle. Si cela vous inquiète, laissez-moi souligner la récompense : vous ne retrouverez nulle part ailleurs des arômes aussi étranges et envoûtants, dans les rouges comme dans les blancs, combinés à des saveurs profondes et apaisantes. Ces vins sont habituellement soutenus par une acidité rafraîchissante, des notes minérales et un bel équilibre intrinsèque; de plus, ils vieillissent bien. Le Portugal est le royaume de la grandeur sans excès.

L'Algarve est la région viticole la moins connue du Portugal. Par contre, Alentejo, à l'intérieur des terres, est une étendue vaste et ensoleillée à la manière d'une savane, où des forêts clairsemées de chêne-liège cohabitent avec des champs de céréales, des olivaies, des sentiers à moutons et des vignobles occasionnels. C'est le terroir des vins rouges les plus doux et affables du Portugal, dont beaucoup sont à base d'alicante bouschet, l'un des rares cépages possédant une chair rouge. Plus près de Lisbonne se trouve une mosaïque de régions fascinantes, telles que les sableuses Colares et Carcavelos sur la côte d'Estoril, apparemment menacées par l'expansion de la ville. La large péninsule de Setúbal, au sud de la ville, continue à produire

son muscat traditionnel, ainsi qu'une gamme de rouges et de blancs, sous l'appellation Palmela.

Les plaines du Tage, au nord de Lisbonne, constituent le cœur de l'agriculture portugaise; les rouges et blancs légers de cette région, appelée Ribatejo ou les «rives du Tage», sont des vins en vrac parmi tant d'autres. Estremadura, sur la côte Atlantique, produit elle aussi ce type de vins.

Viennent ensuite les régions excitantes de Bairrada et de sa voisine Dão. Bairrada, la plus petite des deux, est plus exposée à l'humeur changeante du climat maritime; le cépage baga et les riches sols argilo-calcaires donnent, dans les bons millésimes, des rouges sombres et tanniques, ciselés d'acidité, qui semblent traduire le madiran ou le barolo en portugais nasal. Le baga de Bairrada est à la base du célèbre mateus rosé, qui sert souvent d'introduction aux vins portugais pour les néophytes.

Bien que toute proche de Bairrada, Dão est une région très différente. Ses hautes terres granitiques accueillent une grande variété de cépages qui produisent des rouges plus sombres et tendus, et d'une complexité de saveurs croissante. Bairrada et Dão proposent de bons blancs, et leurs meilleurs vins ont un énorme potentiel de garde, selon la tradition portugaise des vins *garrafeira* (qui ont vieilli longtemps, généralement en fûts et en bouteilles avant la vente).

La vallée de Douro, plus au nord, demeure le lieu de production du Porto (voir à la page suivante). Toutefois, les producteurs ont commencé récemment à utiliser quelques-uns de leurs meilleurs cépages pour créer d'ambitieux vins secs non mutés. La région renaît. Les flancs schisteux étourdissants, méticuleusement étagés au cours des siècles, semblent favoriser non seulement la production des plus grands rouges portugais, mais aussi de certains des plus mémorables du monde. Leurs dimensions sont aussi généreuses que tout ce qui se trouve en Californie ou en Australie, mais leur profondeur minérale et leur fruité aigre-doux rendent leur caractère plus provocateur. Les meilleurs vins de Tras-os-Montes, plus au nord, leur font légèrement écho. Le vinho verde, par contraste, est issu de vignes plantées entre les montagnes et la mer, parmi une végétation d'une fécondité presque de jungle. C'est généralement un blanc perlant, faiblement alcoolisé – sa version rouge est consternante.

QUALITÉS APPRÉCIÉES

Vins portugais

- La complexité, la profondeur et le potentiel de garde des rouges traditionnels.
- Les parfums et saveurs inhabituels des blancs.
- Le côté théâtral et l'intensité de la nouvelle génération de vins de table de la vallée du Douro.

EXERCICE Dégustez un madère sercial ou verdelho à l'apéritif.

EXERCICE Dégustez un madère millésimé au moins une fois dans votre vie. On peut encore trouver des bouteilles du XIXe siècle; achetez d'un marchand réputé pour éviter les faux.

EXERCICE Dégustez un porto millésimé dès sa mise en vente; il sera immature, bien sûr, mais aucun vin au monde ne goûte aussi bon qu'un jeune porto millésimé.

EXERCICE Dégustez un porto tawny bien frais lors d'une journée chaude d'été.

EXERCICE Dégustez un porto blanc sur glace ou allongé de soda tonique.

QUALITÉS APPRÉCIÉES

Porto et madère

- La générosité, la profondeur et l'exubérance des saveurs de fruits noirs ou rouges d'un porto millésimé ou LBV.
- Le moelleux et la succulence d'un porto tawny vieux.
- La vivacité, l'élégance et la saveur cuite du madère.
- La capacité du porto millésimé et du madère millésimé à bien résister à l'usure du temps et à souligner les anniversaires de toute une vie.

CI-CONTRE Éloigné, chaud et silencieux, Quinta de Vesuvio est l'un des grands vignobles historiques de la région. Son nom est la promesse d'un porto d'une structure tectonique et d'une richesse magmatique.

Porto et madère

Ces deux grands vins mutés sont les enfants de l'histoire, surtout celui de Madère, en raison de sa localisation dans l'Atlantique : toute île située à 640 km de la côte africaine, dans un vaste océan essentiellement vide, séduira toujours ceux qui voyagent en mer. La création du madère remonte à l'époque où, sur la route de commerce des Antilles, les bateaux transportaient des barriques de vin tassées comme des sardines dans leur ventre. La fortification du vin empêchait sa dégradation en vinaigre et, miraculeusement, le roulis et la chaleur tropicale arrondissaient ses contours piquants et «cuisaient» son goût acidulé intrinsèque. Les connaisseurs de la côte est américaine payaient des prix élevés pour des vins qui avaient traversé deux fois l'équateur. Bien que les bateaux fassent toujours escale à Madère, aucun d'eux n'a besoin de vin en guise de lest. De nos jours, on reproduit ces conditions de l'une de deux manières. Les meilleurs vins reposent pendant de longues années dans des greniers chauds, alors que les vins moins chers séjournent trois mois dans de grands réservoirs à 45 °C, soit la température d'une journée chaude de juillet à Riyad. Les madères anonymes sont généralement produits à partir du cépage polyvalent tinta negra mole, tandis que les grands vins de dégustation sont issus de sercial (sec), verdelho (demi-sec), malmsey (demi-doux) ou malvasia (doux). Achetez le vin le plus vieux possible; sur les Îles enchantées, l'âge est égal à la beauté. Un madère millésimé est le summum. Aucun ne verra l'intérieur d'une bouteille avant ses vingt ans et le meilleur pourra durer toute une vie ou davantage. Il coûte cher, certes, mais un doigt de son nectar vous comblera, et vous n'avez pas à vous dépêcher pour finir la bouteille.

Le long du Douro, de sa sortie de l'Espagne vers l'Atlantique, on continue à produire une majorité de vins mutés, malgré le récent succès de vins de table secs admirablement sculptés. La douceur qui caractérise le porto est durement gagnée : des fermes perdues en haut des collines; un été implacable; des racines de vignes fouillant les roches feuilletées à la recherche d'humidité; des raisins longuement foulés dans des bassins de granite. La qualité d'un porto est plus nuancée que celle d'un vin de Madère, quoique l'épithète magique «millésimé» (vintage) qualifie toujours le meilleur : un vin exceptionnel qui demande 10 ans avant d'être consommé et qui peut continuer à vieillir pendant 30 ou 40 ans. Le rubis réserve (vintage character) rappelle le goût délectable du porto millésimé. Le porto LBV (late-bottled vintage) est aussi une version plus douce (bien que le LBV traditionnel requière une décantation comme le vrai porto millésimé). Le porto tawny, de couleur fauve, est un style plus pâle et plus moelleux, qui atteint sa maturité en fût avant d'être embouteillé.

Les plus grands portos sont des assemblages de vins provenant généralement de domaines différents et parfois de domaines uniques : le mot à retenir est Quinta qui signifie «ferme». Que dire des cépages? Il y en avait jadis 20 ou 30 dans chaque bouteille de porto; même si les encépagements sont maintenant simplifiés, aucun porto n'est un vin de cépage. Le touriga nacional est admiré universellement; d'autres grands cépages participant à l'élaboration du porto sont le touriga franca, le tinta roriz (tempranillo), le tinto cão et le tinta barroca. Le porto blanc, glycériné, capiteux et au goût riche d'amande, élargit le spectre, sans toutefois atteindre les hauteurs du porto rouge.

DOSSIER D'INFORMATION : Portugal

Vins fins Le grand porto millésimé a toujours été un vin de collectionneur, et on se plaît à comparer les produits de différents exportateurs d'un même millésime à 20 ou 30 ans d'âge. Le madère millésimé est plus rare, plus cher, mais son caractère est unique et aucun autre vin sur terre ne vieillit avec autant d'aisance. Les plus grands vins de table portugais, dont les nouvelles vedettes de la vallée du Douro, sont de classe internationale.

Vins plaisants La plupart des vins portugais offrent un plaisir énorme pour les amateurs de vins, tandis que le rosé portugais ravit les néophytes. Le vinho verde est l'équivalent en blanc d'un beaujolais ou beaujolais-villages français : un vin léger au style singulier.

Forces nationales Une formidable diversité de vins issus d'une profusion de vignes locales.

Faiblesses nationales Certains vins portugais peuvent être déroutants ou incompréhensibles pour les étrangers et certains sont trop rustiques.

19

ÉTAPE 19
LIEU : Allemagne

L'Allemagne ? Il est temps de régler la radio. Tout est différent ici. Pour profiter pleinement du grand vin allemand, vous devez oublier que vous avez déjà bu du vin auparavant. Puis, dans le silence de vos attentes, s'élève une musique de vin composée par la magie de l'air lavé par la pluie, des vallées tachetées de lumière et des vergers aérés par le vent : les fruits de la nature, esquissés avec une délicate retenue. De belles pentes d'ardoise et de calcaire ajoutent une gravité minérale.

La vallée de la Moselle

EXERCICE Comparez un riesling de la Sarre (Saar) avec un riesling de Palatinat (Pfalz). Vous trouverez un monde de différence.

EXERCICE Recherchez les vins *trocken* allemands : ils se sont considérablement améliorés par rapport à ceux d'antan. Les techniques ont-elles été maîtrisées ou s'agit-il de l'influence du réchauffement planétaire ?

EXERCICE Comparez un spätburgunder d'Assmannshausen ou de Bade (Baden) avec un bourgogne rouge de prix équivalent. Vous seriez surpris(e) de votre préférence.

EXERCICE Les vins allemands ne se limitent pas au riesling. Essayez un excitant scheurebe, muskateller et même viognier.

La rivière Moselle prend sa source en France, longe le Luxembourg et entre en Allemagne près de Trèves. Elle coule ensuite vers Coblence, lisse et imperturbable, au-delà de vastes versants, de parois et de rampes d'ardoise, certains d'entres eux s'élevant à 200 mètres ou davantage. Un millénaire a passé, la roche a détourné le cours d'eau en douzaines de méandres, produisant au moins huit fers-à-cheval. Si les vignes poussent aussi au nord, c'est grâce au jeu de l'eau, de la roche et de la lumière le long de cette imposante piste de slalom. Ici, les vins blancs (toujours le meilleur riesling) avancent timidement vers une maturité délicate et virginale. Au terme de leur fermentation, ils contiennent aussi peu d'alcool qu'un verre de bière trappiste. Ils rendent toutefois les saveurs de fruit avec une limpidité et une fidélité photographiques. Les sucres et l'acidité y sont enfermés dans une étreinte parfaitement équilibrée, tel l'engrenage d'une montre. Une gorgée de vin devrait toujours donner un aperçu du monde naturel; or, un verre de riesling de la Moselle ne fait pas qu'évoquer les fruits frais d'un verger en automne dans le nord; il semble intégrer l'essence de ces fruits, rappeler la mémoire de l'ardoise et ajouter de la dignité et de la profondeur. Les deux affluents de la Moselle, la Sarre et la Ruwer, hissent cette délicatesse à un niveau incontestable.

Le consommateur choisit généralement des blancs plus secs ou plus doux, de vignobles plus ou moins connus. Comment deviner lequel est lequel ? Les complications sont nombreuses, mais *trocken* (sec) et *halbtrocken* (demi-sec) sont les mots clés qui indiquent les plus secs de la gamme; les kabinetts QbA et QmP ne devraient pas être trop doux. Mon favori est le kabinett : un pur rafraîchissement. Les notes sucrées augmentent progressivement dans les spätleses, ausleses, eisweins, beerenausleses et trockenbeerenausleses. Un vin de grand vignoble se remarque, hélas, par son prix élevé, tandis qu'un moselle bon marché se reconnaît par sa sucrosité décevante. Si vous voulez trouver trois grands vignobles de Moselle, souvenez-vous du cadran solaire de Wehlen (*Wehlener Sonnenuhr*), du jardin d'épices d'Ürzig (*Ürziger Würtzgarden*) et du docteur de Bernkastel (*Bernkasteler Doctor*).

La vallée du Rhin

Pendant une grande partie de son existence allemande, le Rhin coule vers le nord. Puisque la viticulture en Allemagne implique de trouver un coteau protégé et ensoleillé, un fleuve géant coulant vers le nord n'est pas d'une grande utilité. À une exception près, lorsque les nombreux affluents qui alimentent le Rhin (la plus réputée étant la Moselle) créent des vallées orientées au sud parfaites pour les grands vignobles.

Cette exception est le Rheingau. Entre Mayence (Mainz) et Bingen, le fleuve coule d'est en ouest et, sur sa rive nord, certains des rieslings les plus nobles d'Allemagne voient le jour dans des vignobles aux noms grandiloquents. Les vins d'ici sont plus charpentés que leurs équivalents de la Moselle, de la Sarre et de la Ruwer, bien que leur équilibre puisse être aussi électrisant. À l'endroit où la rivière se dirige de nouveau vers le nord, des rouges à base de pinot noir d'une profondeur remarquable font la renommée d'Assmannshausen. Le paysage le long de la vallée du Haut-Rhin moyen (Mittelrhein), qui s'étire au nord jusqu'à Bonn, est encore plus majestueux et wagnérien, mais les vallées orientées au sud sont maintenant plus rares.

Au sud de Mayence, trois régions viticoles s'entassent le long du Rhin. La première, la Hesse rhénane (Rheinhessen), occupe les rives sud et ouest du fleuve. Autrefois une usine à liebfraumilch, cette région permet aujourd'hui aux vinificateurs enthousiastes de prouver que les vins issus des vallons verdoyants peuvent rivaliser avec ceux des hauts coteaux d'ardoise. La deuxième région, le Palatinat (Pfalz), est assez chaude pour faire mûrir les amandes et cultiver le tabac. Elle dote son riesling d'une succulence plantureuse et épicée, dans laquelle les notes minérales cèdent la place d'honneur à un fruité enivrant. La troisième région, Bade (Baden), est la jumelle de l'Alsace française et le domicile des vins d'accompagnement les plus convaincants d'Allemagne, rouges et blancs confondus. La plupart sont secs, plusieurs sont corsés.

Dans chacune de ces régions, la proéminence teutonique du riesling est mise au défi par d'autres vins : les silvaner et werissburgunder (pinot blanc) de belle mâche; les scheurebe et muskateller intensément aromatiques; le grauburgunder épicé (pinot gris souvent appelé ruländer dans sa version douce); et les rouges vifs à base de dornfelder et de spätburgunder (pinot noir).

QUALITÉS APPRÉCIÉES

Les vins de la Moselle

- Leur délicatesse et leur équilibre exquis.
- Leur capacité à évoquer les fleurs et les fruits de la nature avec une incroyable fidélité sensuelle.
- Leur faible teneur en alcool.
- L'incroyable aisance avec laquelle les meilleurs vins vieillissent.

Les vins du Rhin

- La richesse rarement mielleuse des vins élaborés traditionnellement.
- L'équilibre et la profondeur des blancs secs.
- Leurs parfums et leurs riches saveurs.
- La récente diversité des styles et des cépages.

CI HAUT L'automne dans le Rheingau, où une fin de saison douce récompense régulièrement les efforts des vignerons. Les feuilles de riesling deviennent brièvement dorées avant que le premier gel ne mette fin à leur vie.

EXERCICE Recherchez les rieslings des domaines réputés de la Nahe : la valeur est souvent imbattable comparativement au Rheingau.

EXERCICE Comparez un silvaner sec de Franconie avec, si possible, un sylvaner d'Alsace. Ce cépage n'est peut-être plus très à la mode, mais ces vins secs riches peuvent être excellents, particulièrement accompagnés d'un mets.

EXERCICE Dégustez un riesling de Franconie – pour découvrir un aspect inhabituel du plus grand vin allemand.

QUALITÉS APPRÉCIÉES

Vins de Franconie

- Leur caractère sec et leur mâche.
- L'équilibre de leur acidité vive et excitante, mais toujours mûre.
- Leur bon accord avec les mets.
- Leurs bouteilles inhabituelles.

Autres vallées

Comme la Moselle, la rivière Nahe est un affluent occidental du Rhin qu'elle rejoint à Bingen. Plus petite que la Moselle, elle est formée par un ensemble de ruisseaux qui s'écoulent des collines de Hunsrück et de la Sarre. Sa variété admirable de sols, de coteaux et de sites fournit une toile de fond inspirante pour les vignerons ambitieux. En ce qui concerne les grands cépages, nous sommes toujours au royaume du riesling, surtout au sud-ouest de Bad Kreuznach, où les vignes croissent sur des coteaux escarpés au sol d'ardoise et de quartzite. Par ailleurs, les meilleurs vins de la Nahe réussissent à être tour à tour mordants, croquants ou délicats, rappelant les subtiles nuances de la Moselle et du Rheingau.

Beaucoup plus au nord, à proximité de Bonn et de Cologne (Köln), la vallée de l'Ahr soulève le plus grand étonnement dans le monde viticole allemand, en se spécialisant dans les vins à base de spätburgunder, qui pousse sur ses coteaux d'ardoise abrupts orientés au sud. Malgré l'altitude, un été chaud et une taille courte peuvent faire surgir un pinot noir mordant et vif de la roche sombre.

Avant la réunification de l'Allemagne, la région de l'Ahr était un avant-poste du nord. À présent, elle est surpassée par la Saale-Unstrut et la Saxe (Sachsen), toutes deux sur le chemin de la Pologne et la dernière aux portes de Dresde (Dresden). Sur ces coteaux privilégiés du sud, la chaleur de l'été, lorsqu'elle est bien établie et pourvu que le gel n'ait pas endommagé les baies dès le départ, suffit à mener une poignée de cépages vers la maturation. Ceux qui suivent l'itinéraire de Bach, ou qui sont à la recherche de bergères de Misnie (Miessen), seront comblés. La petite région de Hessische Bergstrasse est un morceau du territoire de Bade coincé dans l'état voisin de Hesse (Hessen). Les vins de Wurtemberg (Württemberg), comme ceux de Saale-Unstrut et de Saxe, étanchent principalement la soif des locaux, à savoir les gens de Stuttgart, qui apprécient les rouges légers et les blancs doux. Bien que la vedette soit le trollinger (le même cépage que la schiava italienne du Haut-Adige), le riesling étrangement appelé schwarzriesling (en fait le pinot meunier champenois) et le lemberger plus foncé sont également importants.

La plus grande région viticole allemande autre que celles groupées le long du Rhin est sans aucun doute la Franconie (Franken). Oubliez le filigrane de finesse, les fruits du verger, les fleurs des haies et l'ardoise. Les plus grands vins de Franconie sont incontestablement les silvaners et rieslings blancs secs, issus de vignes cultivées sur les imposants coteaux de calcaire à l'est du somptueux et baroque Wurzbourg (Würzburg). Leur force électrisante et leur équilibre sont encore typiquement allemands, mais sur d'autres aspects, ils sont l'écho du populaire chablis français. Les cépages aromatiques, tels que le kerner, le bacchus et le scheurebe, donnent de bons résultats. De leur côté, le spätburgunder et le frühburgunder rouges (un autre clone du pinot noir) performent bien sur les coteaux de grès à l'ouest de Wurzbourg. Les amusantes bouteilles de Franconie se reconnaissent facilement : leur forme ventrue serait inspirée, dit-on, des bourses d'un bouc. Ou nous fait-on marcher ?

CI-CONTRE Le Schloss Johannisberg dans toute sa splendeur hivernale. Les vignes sont confortablement installées dans la neige. Dans les caves, les nouveaux vins produisent des cristaux de tartre quand la température baisse.

DOSSIER D'INFORMATION : Allemagne

Vins fins Certains passionnés de vin sont convaincus que le riesling allemand est le meilleur vin blanc du monde, en raison de sa clarté et sa définition exquises, son équilibre, sa fraîcheur, sa teneur en minéraux et sa capacité de vieillir facilement. Toutefois, ce type de vin sort tellement de la norme internationale qu'il laisse d'autres buveurs sceptiques. Les vins allemands les plus fins sont de la qualité du kabinett ou mieux, provenant de vignobles réputés de la Moselle, de la Sarre, de la Ruwer, de la Nahe, du Rheingau et du Palatinat. Des vins d'autres régions et cépages leur font de plus en plus concurrence.

Vins plaisants Oubliez les stéréotypes nationaux ampoulés. D'autres vins allemands ont du plaisir à offrir. Le choix s'étend du simple vin nouveau, vendu localement chaque automne, aux vins de régions telles que Bade et Wurtemberg, qui refusent de se prendre trop au sérieux, en passant par les types aromatiques amusants tels que le bacchus et le scheurebe.

Forces nationales Une grande tradition viticole d'une singularité et d'un raffinement inégalés.

Faiblesses nationales Une législation viticole compliquée et des vins bon marché qui ternissent l'image du pays.

20

ÉTAPE 20
LIEU : Autres pays

Bien que notre voyage soit presque terminé, l'exploration ne fait que commencer : comme la vie, le monde du vin ne cesse de changer. Les pays décrits au fil des huit pages suivantes produisent d'ores et déjà des vins de qualité, mais peu connus. Dans les années à venir, tandis que le réchauffement planétaire fera fondre nos certitudes, nous pourrions voir beaucoup d'eux sous un nouvel angle. La viticulture est, et demeura, une activité évolutive.

Autriche

EXERCICE Dégustez un grüner-veltliner avec un repas. Est-il plus plaisant qu'un chardonnay de l'hémisphère Sud de prix similaire ?

EXERCICE Dégustez un vin doux du Burgenland. Il peut être étonnamment bon.

EXERCICE Dégustez le meilleur riesling autrichien que vous pouvez trouver – et si possible, comparez-le avec un grand cru alsacien.

QUALITÉS APPRÉCIÉES

Vins autrichiens

- Leur caractère sec.
- Leur profondeur et leur concentration.
- L'heurige (vin nouveau capiteux) servi à l'automne dans les tavernes viennoises.
- Le caractère flexible du grüner veltliner.

La partie occidentale de l'Autriche, montagneuse, est le pays des conifères et des pentes de ski, alors que la région orientale, plus basse, est celui des vignes et des caves à vins. Les noms et les bouteilles pourraient vous faire penser à l'Allemagne. Aujourd'hui, l'analogie est plus que jamais fausse. L'Autriche est unique : c'est un pays de blancs secs et capiteux, animés par le poivre, le feu, la pierre et les fruits. Certains de ces blancs surpassent les bourgognes blancs en tant que repas-dans-un-verre, tandis que d'autres détrônent les vins d'Alsace en tant que divas des excès parfumés. Certains rouges peuvent même adopter la structure d'authentiques vins du sud. Quelques-uns des vins doux les plus succulents d'Europe prennent vie dans le Burgenland, où le lac Neusiedl (Neusiedlersee), peu profond et entouré de marécages, mène à des sélections de grains nobles aussi régulièrement que décembre mène à Noël. En arrivant en Autriche, attendez-vous à l'inattendu.

On trouve les vins les plus nobles d'Autriche sur les rives du Danube (Donau), dans les régions de Kremstal et de Kamptal, ainsi que dans la vallée de Wachau, à l'ouest de Vienne. Les journées chaudes et paisibles d'été sur le fleuve, qui sinue vers la plaine de Pannonie en Hongrie, apportent aux cépages une maturité extravagante. À la tombée de la nuit, l'air frais des forêts en altitude descend sur les vignobles et maintient les niveaux d'acidité. L'Autriche a un cépage qui lui est propre, le grüner veltliner, qui représente le tiers de son encépagement. Ce cépage produit un vin sec suprêmement rafraîchissant, parfois léger et perlant, mais qui, lorsque développé avec ambition, offre de la mâche et un parfum envoûtant ainsi qu'un mélange discret et agréable de peau blanche d'agrumes et de plantes. (C'est un accompagnement superbe pour les mets asiatiques.) Le riesling, particulièrement celui des meilleurs coteaux de Wachau, associe remarquablement l'affirmation à l'allusion. Le chardonnay (parfois appelé morillon) est étonnamment convaincant en Autriche. Le weissburgunder (pinot blanc), le traminer et même la bête de travail qu'est le müller-thurgau peuvent se surpasser quand on réduit leur rendement. Les cépages rouges, jadis confinés à peu de régions, sont maintenant répandus. Les zweigelt, blauer, portugieser, blaufränkisch (limberger ou lemberger) et le saint-laurent sont des noms peu familiers aux non-Autrichiens, mais le pinot noir (connu localement comme blauburgunder) et même le cabernet sauvignon apparaissent sur les étiquettes. Le chêne est souvent utilisé sans retenue.

Suisse

En Europe, le plus éloquent témoignage d'amour pour le vin ne se retrouve ni à Bordeaux, ni en Toscane, ni sur les rives du Rhin, mais ici même, en Suisse, au pays du lait et du muesli. Nulle part ailleurs n'investit-on autant d'efforts pour cultiver quelques vignes, que ce soit sur une pente d'éboulis coincée entre un lac et une autoroute, un morceau de coteau ensoleillé ou une parcelle de montagne protégée, accessible seulement à pied. Dans ces lieux insolites, le transport des raisins s'effectue au moyen de petits funiculaires ou de traîneaux tirés par câbles. Malgré le travail exigeant et les coûts élevés de production, tous croient que les efforts en valent la peine; d'ailleurs, 98 % des bouteilles de vin suisse sont consommées par des Suisses. À grands frais.

Les vins suisses, à l'image d'une contrée montagneuse où jadis chaque vallée aurait pu être un pays, sont extrêmement diversifiés. Le chasselas salin-beurré (parfois appelé fendant) est unique au monde; le gamay moelleux reçoit la faveur incontestée des Suisses; le pinot noir alimente des rêves de grandeur qui parfois se réalisent; et le merlot – ticino en italien – peut rivaliser avec le bolgheri.

Le Valais est le plus important canton viticole de Suisse. En fait, il s'agit des premiers vignobles de la vallée du Rhône, bien avant que le fleuve ne pénètre en France. Le Valais est l'un des rares endroits où vous pouvez déguster un vin élaboré à partir du fertile gouais blanc, appelé localement gwäss, qui est le père du chardonnay, de l'aligoté, du mamay et du melon. Ce vin mérite bien un pèlerinage. Le dôle rouge est habituellement un assemblage de gamay et de pinot noir. Pour sa part, la syrah est de plus en plus répandue. Parmi les cépages blancs indigènes, on compte la petite arvine, l'amigne et le païen (ou heida), et parmi les cépages rouges indigènes, le cornalin et le humagne.

Le Vaud succède au Valais en importance. La plupart de ses vignobles se trouvent sur les versants sud des coteaux de la rive nord du lac Léman, où ils peuvent savourer le soleil réfléchi par la surface de l'eau. Le chasselas se sent bien ici, et à son meilleur dans les villages de Calamin et Dézaley. Ces dernières années, une vague d'innovations a déferlé sur Genève, reléguant le traditionnel chasselas derrière le gamay et le pinot noir. Même le sauvignon blanc et le merlot se sont taillé une place de choix sur les rives du célèbre lac.

EXERCICE Dégustez un bon chasselas suisse d'une fraîcheur saline, et en même temps étonnamment riche et gorgé de saveurs.

EXERCICE Comparez un pinot suisse avec un vin de village plus léger de Bourgogne, comme un santenay, un saint-romain ou un monthelie.

QUALITÉS APPRÉCIÉES

Vins suisses

- Le fait qu'ils existent.
- La légèreté rafraîchissante des rouges.
- L'immense palette d'arômes, de saveurs et de teneurs d'alcool des blancs.
- L'extraordinaire choix de cépages indigènes et rustiques.

CI-DESSUS Voilà une scène qu'on n'associerait jamais à la vallée du Rhône; pourtant, le fleuve est bien là, dans son amont suisse où il prend naissance, s'insinuant dans les vignobles remplis de cépages anciens à demi oubliés.

EXERCICE Dégustez un blanc sec de Santorin à base d'assyrtiko, soit en apéritif ou en accompagnement de poisson ou de fruits de mer, et comparez-le avec le chablis.

EXERCICE Comparez un naoussa rouge avec un barbaresco ou un nebbiolo (spanna) du Piémont.

EXERCICE Gardez l'esprit ouvert quant au retsina. Ne le servez pas trop froid et essayez-le avec un mets grec.

QUALITÉS APPRÉCIÉES

Vins grecs

- Le parfum et la pureté des meilleurs blancs.
- La classe et la complexité intrinsèques des meilleurs rouges.
- La variété des anciens cépages et les vins traditionnels dont le retsina, le vinsanto de Santorin, le nectar de Samos et le mavrodaphne de Patras.

Grèce

Étrangement, la Grèce a beaucoup en commun avec la Suisse. Les deux se consacrent au vin et les deux sont montagneux. Dans les recoins de leur paysage accidenté, les cépages anciens et de spécialité se conservent bien plus longtemps que sur les terrains plus accessibles. Alors que les vignes suisses contemplent les rivières et les lacs, les vignes grecques admirent les éclats de soleil sur la mer Égée.

En Grèce, on produit du vin partout, dans les limites de l'accessibilité. Les cépages internationaux ont beau s'infiltrer dans les vignobles du pays pour répondre à la demande domestique croissante, ce sont les vignes typiquement grecques qui gratifient l'amateur curieux. Deux de ces cépages sont de classe mondiale : le xinomavro rouge cultivé au nord de la Grèce, surtout à Naoussa et Goumenissa, qui donne des vins tanniques et autoritaires dotés d'un bon potentiel de garde; et l'assyrtiko blanc qui, lorsque cultivé dans la ponce et la cendre de l'île volcanique de Santorin, produit l'un des vins les plus minéraux qui soient, et dont l'acidité éclatante ne cesse de surprendre. L'agiorgitiko rouge, qui s'épanouit à Némée sur le Péloponèse, donne un vin d'un abord plus facile et d'une texture plus douce que le xinomavro. Le muscat blanc doux (surtout celui de Samos) et le mavrodaphne rouge de Patras sont réconfortants. D'autres cépages grecs qui méritent notre attention (si vous pouvez lire les étiquettes) sont les malagousia, athiri, roditis et moschofilero blancs ainsi que le mandilaria rouge. De son côté, l'Amindeo, une région de climat frais fascinante, produit des vins impressionnants à partir d'une grande variété de cépages.

Et le retsina? Mélange de beauté et de poésie, ce vin blanc est issu de saviatano d'Attique et aromatisé de moins de 1% de résine extraite du tronc de pin d'Alep (*Pinus halepensis*). On le déguste de préférence dans un verre droit, en écoutant le murmure de mer.

CI-HAUT À Santorin, les sols de ponce et de cendres sont parmi les plus jeunes du monde du vin. Ces vignes d'assyrtiko donneront un blanc sec d'une beauté minérale fascinante.

Bulgarie et Slovénie

À l'aube du XXIe siècle, l'étoile de la Bulgarie est plutôt pâle. Durant la décennie précédant l'effondrement du régime soviétique en 1989, le pays connaissait un succès monumental dans la production de vins de cépage décontractés et savoureux. Mais après l'effondrement, les fermes collectives furent retournées, lot par lot, aux descendants des propriétaires d'avant 1947 et l'industrie viticole sombra dans la catastrophe. La reprise est maintenant en cours; bien que la barre soit haute, la Bulgarie a le potentiel de devenir un Chili européen, car elle est capable de produire sans trop de difficulté des rouges doux, souples et arrondis, et des blancs vivants et articulés.

Tous les cépages clés français prospèrent ici, dont le cabernet sauvignon, le merlot et le chardonnay. Les cépages propres à la Bulgarie sont les mavrud et melnik rouges, et les dimiat et rkatsiteli blancs, qui ont tous beaucoup à offrir. Les trois principales régions viticoles, toutes vastes et caractérisées par des sols et des climats divers, sont la plaine danubienne de Bulgarie au nord (pour les rouges exubérants), la côte de la mer Noire (où les blancs prédominent) et la plaine de Thrace entre le massif des Balkans (Stara Planina) et le massif des Rhodopes, où les rouges peuvent gagner en chair, structure et profondeur. Les Bulgares adorent souligner que Thrace était le pays mythique de Dionysos et d'Orphée.

La Slovénie, délimitée par l'Autriche au nord et le Frioul italien à l'ouest, a acquis son indépendance en 1992; depuis, ses vinificateurs livrent une vive concurrence à leurs voisins autrichiens et italiens. Les vins blancs prédominent, beaucoup des plus intéressants d'entre eux étant issus du cépage local ribolla gialla, mais les rouges frais impressionnent de plus en plus. Le chêne est souvent surutilisé; à long terme, attendez-vous à des vins d'une fraîcheur parfumée et d'une saveur croquante.

CI-DESSUS La transition de la viticulture bulgare vers la modernité a été hésitante, mais peu de pays européens sont capables de produire des rouges aussi savoureux et bien arrondis. Le meilleur est à venir.

EXERCICE Dégustez quelques-uns des rouges de la nouvelle vague, issus de vignes reconstituées et replantées, souvent à l'aide de fonds étrangers, pour comprendre le potentiel du pays.

EXERCICE Comparez un ribolla gialla blanc slovène avec un chardonnay ou un sauvignon blanc slovènes. Lequel préférez-vous ?

QUALITÉS APPRÉCIÉES

Vins bulgares

- La simplicité des mentions de cépages et l'absence de noms régionaux compliqués sur les étiquettes.
- Le caractère doux, souple, mûr et limpide des vins rouges de l'époque communiste qui revient tranquillement grâce à des fonds étrangers.

Vins slovènes

- La fraîcheur et le profil croquant des rouges et des blancs, et les prix concurrentiels par rapport aux équivalents frioulиens ou autrichiens.

HAUT GAUCHE Le plus grand vin d'Europe de l'est, au XXIe comme au XVIIIe siècle, est le tokaji plein de vivacité.

HAUT DROITE Une petite maison dans le vignoble : le rêve de tout vigneron de Tokaji.

Hongrie et tokaji

EXERCICE Dégustez le vin blanc à base de cépage indigène le plus cher que vous pouvez trouver. La différence avec les vins bon marché à base de cépages internationaux sera saisissante.

EXERCICE Dégustez un tokaji aszú 5-puttonyos. Buvez-le sans accompagnement et laissez le temps faire son œuvre dans le verre.

QUALITÉS APPRÉCIÉES

Vins hongrois

- La fermeté, la richesse et la mâche des vins blancs traditionnels.
- Les profondeurs exubérantes des vins rouges de la nouvelle vague.
- La complexité, l'équilibre et le style unique du tokaji.

L'histoire de la Hongrie est caractérisée par une tradition viticole éminente et complexe que les années de guerre et de dilapidation du XXe siècle n'ont pas réussi à effacer. Telle une fresque en restauration, l'industrie revient graduellement à la vie. Les rouges prospèrent tout au sud, particulièrement en Villány, où les cabernets et les merlots peuvent mûrir avec vivacité; dans les collines de Mátra au nord-ouest de Budapest, ils sont généralement plus légers et accompagnent bien les poissons.

C'est toutefois avec ses blancs que la Hongrie excelle, particulièrement ceux à base de furmint et de hárslevelü, ses deux plus grands cépages domestiques. Le furmint est moins aromatique, mais son goût et son caractère puissant, insistant et séveux peuvent faire de lui un vin d'accompagnement extraordinaire; le hárslevelü (nom hongrois évoquant le tilleul qui parfume le milieu de l'été en Europe centrale) est plus doux et plus parfumé. Des cépages internationaux sont aussi cultivés – recherchez le pinot gris (appelé localement szürzkebarát) qui prédomine le long des rives du lac Balaton.

À l'extrême nord-est du pays, les collines de Tokaji au sol volcanique et de lœss maternent les vignobles les plus importants de Hongrie. Les cépages principaux sont le furmint et le hárslevelü. Dans l'élaboration du tokaji, la méthode de vinification importe autant que les cépages. Cette méthode consiste à cueillir séparément les grains sains et les grains atteints de pourriture noble (sous l'effet du botrytis). Les grains sains sont vinifiés en vins secs, dans lesquels on ajoute en quantité variable une pâte de grains botrytisés pressés, avant ou pendant la fermentation (le choix dépend du vigneron). Puis on entrepose le vin dans des caves froides, aux murs tapissés de moisissure, parfois en laissant un espace libre dans la barrique. On obtient une gamme de vins allant de sec (szamorodni száraz) à doux (aszú), le taux de sucre étant mesuré en «hottes» ou puttonyos. (L'eszencia, un pur nectar parfumé, est le jus de goutte des raisins botrytisés.) Le sucre, toutefois, n'est pas le point essentiel. Un grand tokaji a le goût de l'automne. La douceur bucolique de l'abricot et de la pêche est présente, sous forme de souvenir, nuancée par l'acidité de l'expérience. Dans ce vin, la musique du temps apporte des notes de feuilles et des airs de forêt. Et il y a ce reflux savoureux qu'on appelle umami. Peu de vins sont aussi complets que le tokaji.

Liban, Israël et Afrique du Nord

Ceux qui sont familiers avec la Bible connaissent l'importance qu'a eue le vin dans l'histoire de la Méditerranée orientale. C'est ici, en effet, que les lourdes branches de vigne ont poussé près du ruisseau d'Eschol, que les noces de Cana ont eu lieu, que la Cène a été arrosée d'un vin anonyme – un tableau évoqué des millions de fois tous les ans.

De nos jours, le Liban et Israël ont un climat beaucoup trop chaud pour la viticulture au niveau de la mer. Mais 1000 mètres plus haut, tels que dans la vallée de Bekaa et sur les hauteurs du Golan occupé par Israël, l'équation change. Les hivers peuvent être froids, même enneigés, et les nuits d'été sont fraîches. Dans ces deux régions, les vignes peuvent produire des rouges extraordinairement souples, savoureux et harmonieux, ainsi que des blancs frais impressionnants, généralement à base de cépages internationaux. Reste à savoir si ces sites seront convenables à long terme pour les cépages de bordeaux, du Rhône méridional et du Languedoc. (Reste aussi à savoir si les hauteurs du Golan demeureront un territoire israélien. De nouveaux vignobles ont été développés en Galilée, une région fraîche, moins disputée près de la frontière libanaise.)

Au milieu du XXe siècle, les trois pays occidentaux d'Afrique du Nord (Tunisie, Algérie et Maroc) représentaient les deux tiers du marché international du vin. De nos jours, ce chiffre semble à peine croyable. C'était le fait de la puissance coloniale française, qui s'est dissipé depuis l'indépendance de ces pays.

De Tunis à Marrakech, l'aube est annoncée par l'écho de l'appel à la prière du muezzin. Il y a donc peu d'intérêt domestique pour le vin, malgré des conditions éminemment propices à la viticulture et de vastes vignobles remplis de cépages souvent très anciens. Le muscat et le mornag rouge tunisiens, le tlemcen algérien, le beni m'tir, le guerrouane et le côteaux d'atlas marocains sont des survivants notables. Récemment, des investisseurs français (dont Bernard Magrez de Bordeaux, associé à l'acteur et grand amateur de vin Gérard Depardieu) sont venus raviver les cendres.

EXERCICE Comparez un merlot des hauteurs du Golan avec des vins rouges d'assemblage de la vallée de Bekaa.

EXERCICE Recherchez le «vin gris» (une façon traditionnelle, sinon décontractée, de désigner le rosé pâle en Afrique du Nord) tel qu'un boulaouane marocain ou un tébourba tunisien.

QUALITÉS APPRÉCIÉES

Vins libanais

- Leur production héroïque tout au long de la guerre civile et des récentes invasions israéliennes.
- La palette de saveurs douces des rouges et leur capacité de se moduler avec le temps.

CI-DESSUS À 1000 mètres d'altitude et protégée de la Méditerranée par le mont Liban, la vallée de Bekaa peut être assez froide pour se laisser recouvrir d'un manteau de neige. Ces vignes dormantes appartiennent au Château Kefraya.

EXERCICE Constatez la touche délicate de la Roumanie dans son pinot noir ou son merlot, particulièrement ceux de la région de Dealu Mare.

EXERCICE Comparez un pinot gris de Moldavie avec d'autres versions d'Alsace et de Nouvelle-Zélande. Quel est le meilleur ?

QUALITÉS APPRÉCIÉES

Vins roumains et moldaves

- Leur rapport qualité/prix.
- L'accessibilité et le caractère gouleyant des vins de cépages internationaux.
- Les spécialités et traditions, même si elles sont difficiles à trouver à l'heure actuelle.

CI-DESSUS La Transylvanie produit certains des vins blancs les plus frais de Roumanie, dont elle est l'une des régions froides. Ces vignobles de Trinave et leurs meules de foin éparpillées soulignent le vaste espace du deuxième plus grand pays d'Europe de l'Est.

Roumanie et Moldavie

Comme la Bulgarie, sa voisine du sud, la Roumanie est une vigne géante en dormance. Comme la Hongrie, ses traditions viticoles sont complexes et anciennes. Comme la France, l'Italie, l'Espagne et le Portugal, ses habitants parlent une langue romane plutôt qu'une langue slave; comme les gens de ces nations, les Roumains préfèrent déboucher une bouteille de vin plutôt que d'avaler une vodka ou de siroter un brandy au souper. Son potentiel viticole est fascinant, même s'il n'est pas très développé au présent.

Les Carpates forment un boomerang dont le milieu s'avance au centre du pays. La plupart des vins roumains naissent dans l'est, dans le paysage ondulant de la Moldavie roumaine, où le riche Cotnari blanc est un vin de spécialité reconnu, ainsi que dans le sud, au pied des Carpates, où les montagnes offrent une longue chaîne de versants orientés au sud (vous y trouverez une variété de rouges de Dealu Mare et des régions de Dr g ani et Sâmbure ti de plus en plus impressionnants). La côte chaude et ensoleillée de la mer Noire est la source de rouges charpentés et de doux chardonnays de vendange tardive (Murfatlar est une appellation clé). En haute altitude, la froide Transylvanie offre les blancs des plus croquants et près de la frontière hongroise (Banat), on trouve davantage de rouges légers. Les cépages familiers répondent actuellement à la demande internationale, mais espérons que les grands cépages roumains (comme les feteasc alb , gras et t mâios româneasc blancs, et le feteasc neagr rouge) voyageront davantage dans l'avenir. Advenant le succès mérité de la Roumanie, les consommateurs du monde entier devront se faire à l'idée d'acheter du vin au nom de cépage pratiquement imprononçable, provenant d'un pays dont la réputation repose presque exclusivement sur les vins bon marché. Sommes-nous prêts à affronter ce défi ?

La Moldavie indépendante, à l'est de la Roumanie, est saturée de vignobles, grâce à son rôle de cellier de l'ex-URSS. La survie a été difficile et la prospérité toujours un rêve, mais les meilleurs vins du pays (principalement issus de cépages internationaux, dont un excellent pinot gris) sont satisfaisants, bien construits et substantiels. Recherchez les rouges foncés de Purcari.

Géorgie, Arménie, Ukraine, Russie, Angleterre et Pays de Galles

Quel monde étrange. Trouver un vin de Tasmanie ou de Patagonie sur le marché international ne pose aucun problème. En revanche, dénicher un vin de Géorgie ou d'Arménie, le berceau même de la viticulture, relève du défi. Ces deux pays, la Géorgie en particulier, ont de fins cépages indigènes et des traditions viticoles qui remontent à l'Antiquité (le *marani* géorgien est une cave extérieure, où les cuves de terre cuite sont entièrement enfouies dans le sol). Mettez la main, si vous êtes chanceux, sur un saperavi rouge géorgien et un areni arménien. En Ukraine, c'est en Crimée que se poursuit l'héritage de vinification de la Russie impériale; à Massandra, les vins de dessert sont les icônes historiques, bien qu'il y ait aussi une certaine tradition de vins mousseux. Les vignobles russes sont regroupés près des rives de trois mers : la Noire, l'Azov et la Caspienne. Les propriétaires fonciers les plus riches et les plus ambitieux du pays développeront éventuellement des produits qui effaceront les idées préconçues fondées sur les vins sucrés et grossiers de la période soviétique.

Les viticulteurs anglais (et un contingent plus petit de Gallois) nous ont déjà surpris par le passé. Les premiers efforts investis en Angleterre reposaient sur des cépages et des styles allemands. La vinification approximative effectuée par des viticulteurs amateurs a valu au vin anglais une réputation de manque de fiabilité. Les viticulteurs modernes sont plus professionnels; aujourd'hui, on amène le chardonnay et le pinot noir à une maturation sérieuse, qui produit une belle base de vin mousseux. C'est d'ailleurs ce qui a suscité la curiosité de l'élite de Champagne, qui est venue examiner les coteaux crayeux exposés au sud du Kent, du Sussex, du Surrey et du Hampshire ainsi que quelques autres sites plus chauds à l'ouest du pays. Les mousseux anglais peuvent effectivement rivaliser avec plusieurs champagnes, pourvu que leur période d'entreposage critique suivant la seconde fermentation ne soit pas bâclée. En plus des mousseux, laissez-vous séduire par les blancs secs au charme aromatique indéniable, souvent élaborés à partir de croisements de cépages allemands recherchés ainsi que par quelques pinots convaincants.

EXERCICE Si vous pouvez en trouver, comparez un saperavi géorgien avec d'autres rouges à prix modeste du sud-ouest de la France, comme un marillac ou un côtes-du-brulhois. La compétition est-elle équitable ?

EXERCICE Servez un mousseux anglais et un champagne générique, et dégustez-les à l'aveugle. Le mousseux anglais pourrait coûter un peu plus cher, mais lequel est le meilleur ?

QUALITÉS APPRÉCIÉES

Vins anglais

- La profondeur, la rigueur et la complexité des meilleurs mousseux.
- La légèreté, la vivacité et le parfum subtil de haie des blancs secs.
- L'authenticité des saveurs équilibrées et exubérantes du pinot pâle, faiblement alcoolisé.

CI-DESSUS Sussex. Le vignoble de Nyetimber, le pionnier du mousseux, est à portée de vue des South Downs. Des cépages champenois et une maturation lente produisent de belles bulles.

Glossaire

Acétaldéhyde composé chimique organique présent dans les plantes et les produits fermentés; sa trace aromatique est très manifeste dans l'arôme des finos et des manzanillas.

Acidification ajout d'acide à un vin pour lui donner une saveur plus vive et mordante.

Acidité composant fondamental du vin et élément structural clé du profil du vin; savoir analyser l'acidité d'un vin est une compétence gustative essentielle.

Amontillado originalement un xérès élaboré à partir d'un vieux fino qui a perdu son voile de levures (*flor*) et qui bénéficie d'un vieillissement oxydatif; décrit aussi un xérès de robe moyenne, souvent demi-sec ou doux.

AOC appellation d'origine contrôlée; la mention AOC apparaît sur l'étiquette des vins de régions vinicoles françaises définies géographiquement; sous-entend généralement certains cépages.

Appellation nom d'un vin défini géographiquement.

Apv alcool par volume; le pourcentage d'alcool dans un vin.

Aridoculture culture des vignes sans le recours de l'irrigation.

Blanc de blancs vin blanc, généralement effervescent, fait de cépages blancs uniquement.

Blanc de noirs vin blanc, généralement effervescent, fait de cépages noirs uniquement.

Boisé caractère d'un vin élevé en fûts de chêne ou d'un vin de copeaux.

Botrytis *Botrytis cinerea* (pourriture noble) champignon qui attaque les grains de raisin mûrs et les flétrit, réduisant ainsi leur pourcentage d'eau tout en ajoutant une pointe d'amertume. Récolter des raisins botrytisés est l'une des deux façons fondamentales de fabriquer des vins doux non mutés.

Bouchonné état d'un vin présentant les caractéristiques d'une contamination par la 2, 4, 6-trichloroanisole, une molécule causant l'odeur et le goût de moisi, de carton ou de produit chimique; un bouchon en liège altéré en est généralement la cause.

Brut la teneur en sucre des mousseux et des champagnes est habituellement de 6 à 15 g/l.

Chaptalisation addition de sucre au moût pour augmenter le degré d'alcool final; aussi appelée enrichissement.

Chêne arbre de la famille des *Quercus*. Son bois sert à la fabrication des barriques, fûts et cuves. On aromatise aussi des vins bon marché en y faisant macérer des planches ou des copeaux de chêne.

Claret nom donné au vin rouge de Bordeaux par les Anglais.

Classé vin appartenant à une classification spécifique, établie selon des critères de qualité locaux.

Collage opération de clarification du vin par l'addition d'une colle.

Cru vignoble et le vin qu'il produit.

Dégustation à l'aveugle la dégustation d'un vin dont on ne connaît pas le nom fait partie intégrante du processus d'apprentissage.

DO *denominación de origen* équivalent espagnol de l'AOC.

DOC *denominazione di origine controllata* ou *denominaçâo de origem controlada* équivalent italien et portugais de l'AOC.

DOCa *denominación calificada* équivalent espagnol de la DOCG italienne.

DOCG *denominazione de origine controllata e garantita* terme italien «garantissant» supposément la qualité d'une DOC.

Enrichissement *voir* Chaptalisation.

Enzymes protéines qui provoquent ou accélèrent le changement biochimique; présents dans les raisins, la levure et le moût, ils sont utilisés comme additifs dans la fabrication du vin.

Extra brut désigne les mousseux ou les champagnes non sucrés.

Extrait ensemble des corps solides dans un vin, dont certains deviendront la lie, qui contribuent tous à la saveur ou à la texture.

Fermentation en barrique facile pour les vins blancs, très difficile mais possible pour les vins rouges, elle favorise l'intégration progressive des saveurs de chêne.

Fermentation malolactique transformation bactériologique de l'acide malique (acidulé) en acide lactique (doux), succédant à la fermentation alcoolique dans la fabrication de tous les vins rouges et certains vins blancs.

Fermentation transformation du sucre par la levure en quantités égales d'alcool et de dioxyde de carbone.

Filtration avant la mise en bouteille, la plupart des vins sont filtrés sur une membrane d'une grosseur de pores variée.

Flor voile de levures qui se développent à la surface du moût en fermentation.

Fruité caractère d'un vin, généralement jeune, dont la saveur évoque les fruits; qualité recherchée d'un bon vin peu cher.

Glycérol dérivé de la fermentation, à la texture huileuse et au goût légèrement sucré, il est présent dans tous les vins, mais à forte concentration dans les vins doux.

Grand cru vignoble de grande renommée et les vins qu'il produit.

Halbtrocken demi-sec, en allemand.

Hock terme anglais désignant les vins blancs du Rhin.

IGT *indicazione geografica tipica* équivalent italien de vin de pays, de plus en plus utilisé à la place de DOC.

Lie dépôt formé après la fermentation du vin; un contact prolongé avec la lie peut donner du goût et de la texture au vin.

Macération trempage des peaux de raisin dans le moût ou le vin; cette opération est courante pour les vins rouges durant et après la fermentation, mais aussi pour les vins des deux couleurs avant la fermentation pour intensifier le caractère fruité.

Meritage terme californien désignant un mélange de cépages de type bordelais (cabernet sauvignon, merlot, cabernet franc, malbec et petit verdot pour les rouges; sémillon, sauvignon blanc et muscadelle pour les blancs).

Micro-oxygénation introduction de petites bulles d'oxygène dans le vin sans déranger la lie.

Millésime année de récolte du raisin et, par extension, le vin d'une année spécifique. Dans la vallée du Douro, à Madère et en Champagne, un millésime est un vin exceptionnel, produit à partir du raisin récolté lors d'une grande année. Seules les meilleures années sont qualifiées de millésimes lorsqu'un assemblage est la norme.

Monoterpènes composés organiques contribuant à l'arôme et à la saveur des vins à base de muscat, riesling et autres cépages blancs aromatiques.

Moût jus de raisin.

Mutage ajout d'un alcool à haut degré au moût ou au vin partiellement fermenté, de façon à prévenir ou arrêter la fermentation et de retenir les sucres naturels dans le vin. Certains vins secs complètement fermentés (comme le xérès) sont aussi mutés pour les stabiliser avant le vieillissement.

Œnologue spécialiste des techniques de fabrication et de conservation du vin.

Oxydation effet produit sur un vin par un contact prolongé avec l'air. Bénéfique et désiré dans certaines régions pour certains vins, en particulier les xérès, mais généralement évité pour maintenir la fraîcheur, le fruité et le corps du vin.

Oxygénation tous les vins ont besoin d'un peu d'exposition à l'air, obtenue par oxygénation – souvent par soutirage ou micro-oxygénation.

Passerillage dessèchement naturel du raisin à l'air.

Pourriture noble *voir* Botrytis.

Réduit on dit qu'un vin, surtout un jeune vin rouge, est réduit ou a subi une réduction (phénomène inverse de l'oxydation) quand il dégage des odeurs typiques de composés de soufre; on peut atténuer ce défaut en oxygénant le vin par décantation.

Sec qualifie un vin tranquille dépourvu de saveur sucrée; en revanche, un mousseux «sec» est plutôt sucré (17 à 35 g/l de sucre).

Sédiment dépôt formé dans certains vins, surtout les vins riches en composés phénoliques (composés réactifs comme les tanins) ou n'ayant pas subi un collage ou une filtration avant l'embouteillage.

Sélection de grains nobles vin élaboré à partir de raisins atteints par la pourriture noble; en Alsace, sous-entend un vin sucré.

Soutirage opération consistant à transvaser un vin d'un fût dans un autre pour l'aérer et en séparer la lie.

Structure la structure d'un vin en bouche provoque des sensations gustatives et tactiles. Ses constituants sont formés par l'alcool, l'extrait, l'acidité, les tanins et le glycérol.

Sulfites le dioxyde de soufre est utilisé pour favoriser l'hygiène dans la fabrication du vin, et il est aussi un sous-produit de fermentation naturel. Dans beaucoup de pays, une étiquette blanche porte la mention «contient des sulfites» si la quantité de dioxyde de soufre dépasse 10 mg/l, ce qui est (et a toujours été) généralement le cas.

Surmaturation fait de laisser les raisins sécher sur les ceps avant la vendange. Un des deux moyens essentiels de fabrication des vins doux non mutés.

Tanins substances présentes dans les peaux de raisin (et, à un degré moindre, dans le bois des barriques) qui jouent un grand rôle dans la texture du vin. Savoir analyser le tanin dans un vin est une compétence gustative essentielle.

Terroir territoire dont la nature du sol, le climat, la topographie, la viticulture locale et la fabrication traditionnelle donnent au vin qu'il produit son caractère spécifique.

Trocken sec, en allemand.

Umami terme japonais désignant la cinquième saveur élémentaire, les quatre autres étant le salé, l'acide, le sucré et l'amer. Son caractère sapide se perçoit typiquement dans certains xérès et tokajis.

Vanillé arôme et saveur conférés par le chêne, surtout le chêne américain.

Vendange tardive les raisins utilisés sont parfois laissés sur les ceps pendant des périodes prolongées, afin de concentrer leurs sucres, généralement pour fabriquer du vin doux.

Vieilles vignes elles produisent supposément des vins supérieurs, en raison de leur rendement naturellement limité et de leurs racines profondes.

Vin de copeaux vin mis en contact avec des copeaux de chêne, montrant des caractéristiques associées à un élevage en fûts de chêne, tels que des arômes et saveurs de vanille ou de grillé.

Vin de glace vin doux fait de raisins gelés.

Vin de pays désignait autrefois un vin fabriqué hors des régions AOC; de nos jours, cette catégorie comprend tout vin caractérisé par sa région de production, dont il porte le nom.

Vinosité qualité d'un vin renfermant un fort degré d'alcool, typique de beaucoup de vins blancs européens classiques.

Viticulture culture de la vigne.

Index

Note : Les numéros de page en *italique* font référence aux bas de vignette.

Source des photos

Légende : **h**=haut, **b**=bas, **d**=droite, **g**=gauche, **c**=centre, **ph**=photographe.

Toutes les photos sont de William Lingwood sauf celles mentionnées autrement.

6 ph Alan Williams; **7 all ph** Alan Williams; **9 ph** Alan Williams; **22 ph** Alan Williams; **23 h g** © Eddie Gerald/Alamy; **23 h d ph** Alan Williams; **24 h g ph** Alan Williams/Monte Bello, Ridge Vineyards, Santa Cruz Mountains, California; **24 h c ph** Alan Williams/Maison M. Chapoutier, Tain l'Hermitage, France; **24 h d ph** Alan Williams; **24 b ph** Alan Williams/Châteauneuf du Pape, France; **28 ph** Dan Duchars/a wine cellar in a house in Surrey designed by Spiral Cellars Ltd; **30 ph** Alan Williams; **33 ph** Alan Williams; **34 ph** Alan Williams/Jordan Vineyard and Winery of Sonoma County, California; **50–59 background ph** Alan Williams; **60** © Villa Maria Estate Ltd/image courtesy of New Zealand Winegrowers; **61 ph** Alan Williams/Viña Concha y Toro, Maipo Valley, Chile; **62 h** © Villa Maria Estate Ltd/image courtesy of New Zealand Winegrowers; **62 b ph** Alan Williams; **63** © Cephas/Mick Rock; **64** © Cephas/Mick Rock; **66–71 ph** Alan Williams; **72 ph** Alan Williams/Jordan Vineyard and Winery of Sonoma County, California; **73 ph** Alan Williams; **77 b** © Cephas/Steve Elphick; **78–79 ph** Alan Williams; **81 h g** © Cephas/Mick Rock; **80 h d** & **b ph** Alan Williams; **82** © Cephas/Mick Rock; **84** © Cephas/Mick Rock; **87** © Cephas/Mick Rock; **89** © Cephas/Mick Rock; **90** © Cephas/Nigel Blythe; **92 ph** Alan Williams/Maison M. Chapoutier, Tain l'Hermitage, France; **95** © Cephas/Mick Rock; **96–97** © Cephas/Mick Rock; **99 h g** & **b ph** Alan Williams; **99 h d** © Cephas/Mick Rock; **102–103** © Cephas/Mick Rock; **105** © Cephas/Herbert Lehmann; **106–107** © Cephas/Mick Rock; **109 all ph** Alan Williams; **110 ph** Alan Williams; **111 ph** Francesca Yorke; **113 ph** Alan Williams; **115** © Cephas/Mick Rock; **117 h g ph** Alan Williams/Chateau Montelena Winery, Napa Valley, California; **117 h d** & **b ph** Alan Williams; **120–121 ph** Alan Williams/Jordan Vineyard and Winery of Sonoma County, California; **123** © Cephas/Mick Rock; **125** © Cephas/Kevin Argue; **127 h g** & **h c ph** Alan Williams; **127 b ph** Alan Williams/Errazuriz Don Maximiano Estate, Aconcagua Valley, Chile; **128 h g ph** Alan Williams; **128 a d ph** Alan Williams/Viña Concha y Toro, Maipo Valley, Chile; **128 b ph** Alan Williams/Errazuriz Don Maximiano Estate, Aconcagua Valley, Chile; **130** © Cephas/Matt Wilson; **132–133 ph** Alan Williams; **135 a both ph** Alan Williams; **135 b** © Cephas/Mick Rock; **136** © Cephas/Andy Christodolo; **139 ph** Alan Williams; **140** © Cephas/Kevin Judd; **143** © Cephas/Kevin Judd; **145 h g ph** Alan Williams; **145 h c** © Cephas/Bruce Jenkins; **145 b** © Cephas/Kevin Judd; **146** & **149** © Cephas/Kevin Judd; **151 h g** & **b** © courtesy of Wines of South Africa; **151 h d ph** Francesca Yorke; **152** © courtesy of Wines of South Africa; **155** © Cephas/Graeme Robinson; **157 h** © Cephas/Mick Rock; **157 b ph** Alan Williams; **159** © courtesy of Symington Family Estates, Portugal; **161** © courtesy of Weinbau-Domäne Schloss Johannisberg/**ph** Martin Joppen; **162 ph** Francesca Yorke; **163** © courtesy of Weinbau-Domäne Schloss Johannisberg; **165** © Cephas/Andy Christodolo; **166** © Cephas/Mick Rock; **167** © Cephas/Mick Rock; **168 d** © Cephas/Mick Rock; **169** © Cephas/Char Abu Mansoor; **170** © Cephas/Mick Rock; **171 g** © courtesy of Nyetimber Vineyard, England; **171 d ph** Alan Williams.

BP
BRUNO PAILLARD
BRUT PREMIÈRE CUVÉE
Champagne
BRUNO PAILLARD
Reims-France
PREMIÈRE CUVÉE
ÉLABORÉ PAR BRUNO PAILLARD À REIMS - FRANCE
12%vol. 75 cl
CHARDONNAY
CALIFORNIA
OREMUS
2005
PREMIER CRU